KB233488

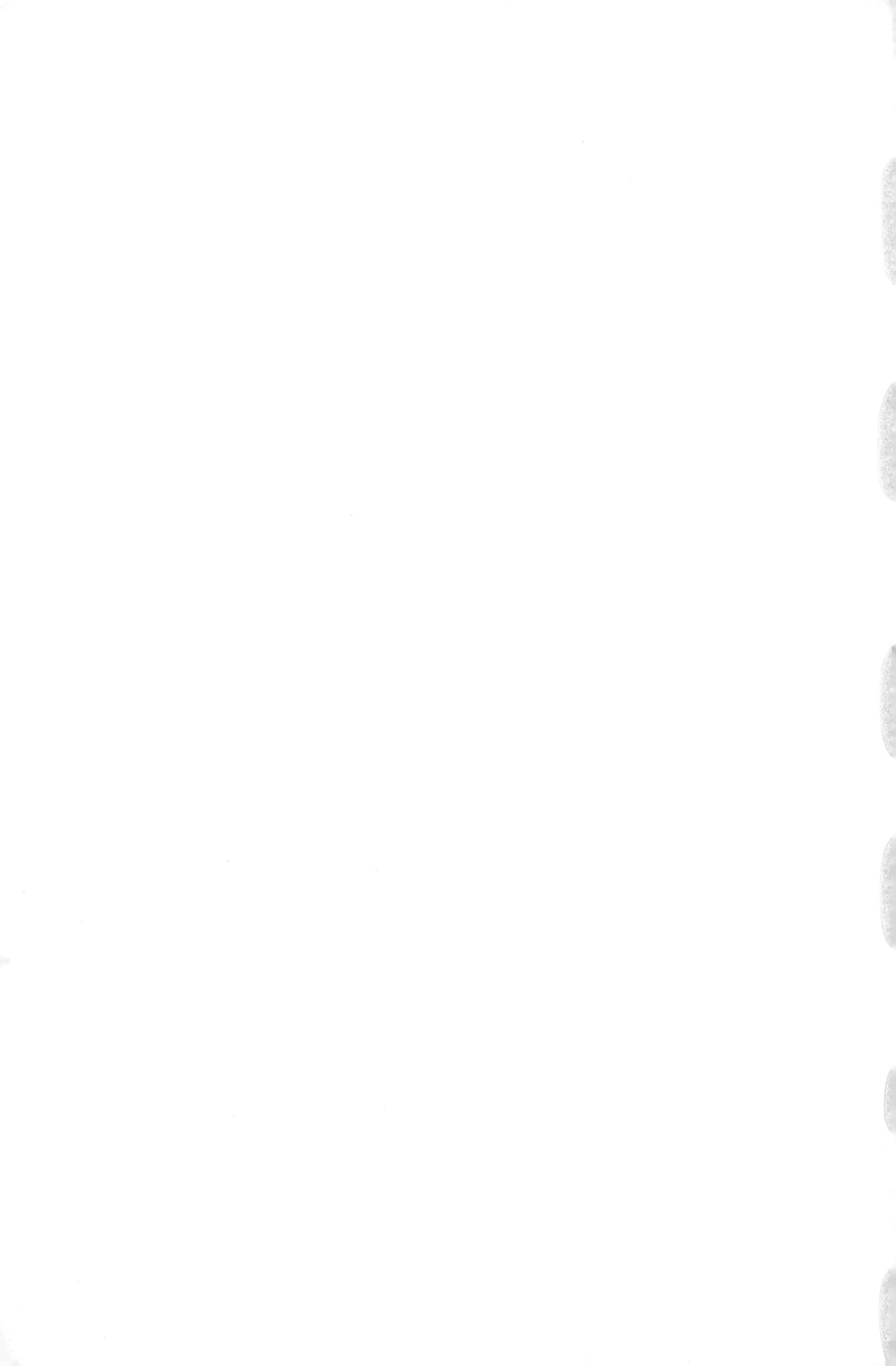

바다에서 희망을 보다

바다에서 희망을 보다

"난 미래를 위해 열심히 살았어.
그런데 이제 그 미래가 사라지게 되었잖아!"

남성현 지음

이담
Books

^책 머리에...

지구과학 중에서도 해양학이라는 비교적 생소했던 분야에 몸담은 지도 벌써 16년이나 되었다. 그런데 십 년 전만 해도 일반인들 사이에 매우 낯설고 잘 알려지지 않았던 해양학이라는 분야에 최근 들어 관심을 보이는 사람들이 부쩍 늘고 있다. 아마도 점점 뚜렷해져 가는 지구환경의 위기 속에서 지구 대부분을 차지하는 바다의 중요성이 새삼 부각되고 있기 때문일 것이다.

이제 바다로 눈을 돌려야 한다. 바다로 눈을 돌리면 우리는 새로운 희망을 보게 될 것이다. 오늘날 우리가 직면하고 있는 이상기후, 심화되는 자연재해, 에너지와 자원 고갈 등의 문제들을 풀어 줄 열쇠는 바로 바다에 있기 때문이다. 전기 자동차가 상용화되고, 스마트폰이 일상화되어 가는 첨단의 시대에 바다만 여전히 두려운 미지의 대상으로 남아 있을 이유는 더 이상 없다.

이 책은 아직까지도 미개척 영역으로 남아 있는 바다의 무한한 가능성과 희망을 제시하고, 인류의 생존과 지속 가능한 성장 및 번영을 위한 해양과학기술의 중요성을 제고하며, 나아가 해양강국으로 도약하려는 대한민국의 보다 많은 젊은 인재들이 해양과학기술과 해양산업에 조우하기를 바라는 마음에서 썼다. 따라서 해양학을 이미 전공하거나 전공하려는 학생들은 물론 전반적인 지구환경이나 미래 해양산업에 관심을 가지고 있는 일반 독사라민 누구나 쉽게 이해할 수 있도록 어렵지 않은 용어늘만을 사용하였고, 웹페이지 등의 자세한 참고문헌을 포함하여 추가적인 정보들을 검색할 수 있도록 하여 이해를 도왔다.

저자는 추후 관련학계 해당 전문가들의 도움을 받아 장기적으로 '푸른 행성 지구' 시리즈 저서의 집필을 계획 중이다. 이 책은 어쩌면 시리즈 저서들의 전체 '프롤로그'가 될지도 모른다. 현재 구상 중인 시리즈 저서들의 제목은 『동해에 취한 사람들』, 『황해와 대륙 동편의 바다』, 『남중국해』, 『적도 태평양 이야기』, 『극지 바다 이야기』, 『태평양 너머』, 『남반구』이다. 앞으로 이 시리즈가 바다에 대한 관심을 부각시키고 모으는 소중한 작업이 되길 기원한다.

미국 샌디에이고 바닷가에서

남성현

프롤로그

바다에서 찾은 돌파구!

"난 미래를 위해 열심히 살았어. 그런데 이제 그 미래가 사라지게 되었잖아!"

영화 <투모로우>(2004년, 원제: The Day after Tomorrow)에서 남은 몇몇 사람들이 도서관에 고립되어 있을 때, 등장인물인 로라가 했던 말이다. 요즘에는 바쁘지 않다고 할 사람이 없을 정도로 사람들이 모두 저마다 무엇인가를 위해서 열심히 살고 있는 듯하다. 그런데 로라처럼 미래를 위해 열심히 살다가 어느 날 갑자기 그 미래가 사라지게 된 것을 알게 되었다면?

밝혀진 바에 따르면 이 영화가 개봉되기 몇 달 전에 작성된 미국 국방부의 "펜타곤 보고서"에서 미국이 당면한 최대 위협으로 테러 등의 군사적 위협이 아니라 기후변화를 지목했다고 한다. <투모로우>뿐만 아니라 계속해서 수많은 '재난 영화'들이 만들어지고 있는 것을 보면 인류의 미래가 그리 녹록해 보이지 않음은 분명하다.

갈수록 '생존'이란 단어가 더 많이 회자되는 각박해진 요즘, 전 세계적인 경제 위기나 국가 간의 갈등 및 안보 불안 또한 이러한 인류의 비관적인 미래 전망과 무관하지만은 않을 수도 있겠다는 생각을 지울 수 없다.

위기의 지구, 우리는 과연 지금 어디를 향하여 가고 있는 것일까?

전 지구적 대재앙 앞에서 과연 로라와 같이 미래를 위해 열심히 살아온 개개인의 노력이 무슨 소용이 있단 말인가. 전 지구적 기후변화와 이상기후, 심화되는 자연재해와 환경오염, 자원 및 에너지의 고갈에 직면하고 있는 오늘날 우리는 과연 그동안 무엇을 위해 열심히 살아왔는지, 어떤 미래를 위해 노력해 왔는지 다시 돌아보지 않을 수 없다.

이 책은 우리가 직면한 지구환경의 위기에 대해 단지 경각심만을 유발하고자 쓰인 것이 아니다. 전 지구적 환경 위기의 심각성을 통해 어제를 반성하고, 내일을 새로운 희망으로 열기 위해, 오늘 그 바른 해결방향을 찾아내고자 하는 고민에서부터 출발한다.

조지 오웰(George Orwell, 1903~1950)은 『1984년』에서 "과거를 지배하는 자가 미래를 지배하고, 현재를 지배하는 자가 과거를 지배한다(Who controls the past controls the future. Who controls the present controls the past)."고 했다. 만약 우리가 과거에 지구적 대재앙이 올 것을 예측하고, 사전에 이를 막기 위한 노력을 충분히 해 왔었더라면 오늘날 이런 걱정을 하지 않게 되었을 수도 있는 것이다. 따라서 미래는 현재 우리의 노력 여하에 따라 얼마든지 바꿔 낼 수도 있는 것이다.

그렇다면 인류의 지속 가능한 번영과 생존을 위해 오늘 우리는 어떤 노력을 해야 하는 것일까? 과거를 통해 비춰진 미래가 그토록 암울한 것이라면 현재는 적어도 지금까지와는 다른 새로운 방향의 노력이 필요할 것임이 분명하다.

집집마다 동네마다 그리고 나라마다 이산화탄소 배출량을 줄이고 '그린' 환경을 위해 그 생활 습관부터 바꾸는 노력이 중요함은 이제 두말할 필요가 없을 정도로 잘 알려져 있으며, 또 앞으로 계속해서 강제될 수밖에 없을 것으로 보인다. 그러나 이러한 '소극적' 노력만으로는 현재의 지구환경 위기를 근본적으로 해결하기에 충분치가 않아 보인다.

과연 새로운 돌파구는 어디에 있는가?

"진정한 발견은 새로운 것을 찾는 것이 아니라 새로운 눈으로 보는 것이다(The real voyage of discovery consists not in seeking new landscape, but in having new eyes)."

—마르셀 프루스트(Marcel Proust, 1871~1922)

바다로 눈을 돌려 보자. 우리가 직면하고 있는 환경 · 자원 · 기후변화의 문제들을 풀어내는 열쇠를 바다에서부터 찾아보자. 지구의 대부분을 차지하고 있는 바다. 그 바다가 가진 무한한 잠재력을 우리는 그동안 너무나도 쉽게 간과해 왔다.

이 책은 아직까지도 유일한 미개척의 영역으로 남아 있는 바다를 통한 전 지구적 위기 해결 가능성과 새로운 희망을 제시하고, 인류의 생존과 지속 가능한 성장 및 번영을 위한 해양과학기술의 중요성과 해양강국으로 도약하려는 대한민국의 바다에 대한 인식을 제고하고자 쓰였다.

Content ...

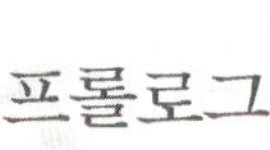

프롤로그 

Part 1. 위기의 지구 

Part 2. 불확실성 

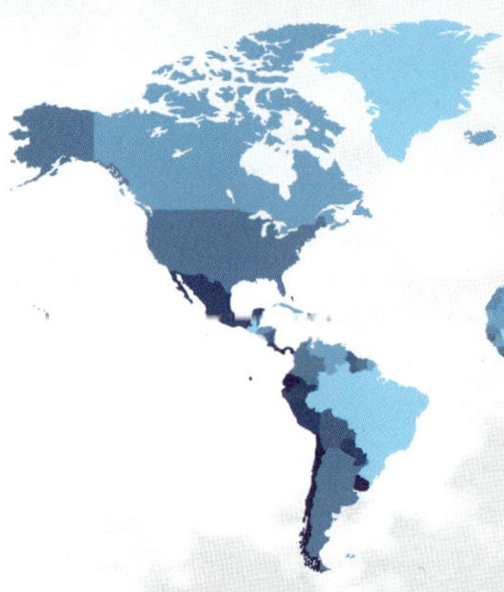

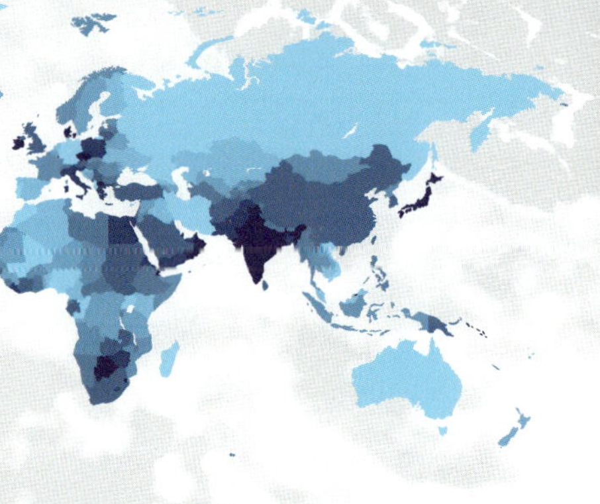

위기의
지구

Part 1. 위기의 지구

지구가 몸살을 앓고 있다. 어제오늘의 일이 아니었다고는 하지만, 오늘날 그 심각성은 이미 지구에서의 '생존' 자체를 걱정해야 할 수준에까지 이르렀다. 우리는 이미 지속 가능한 성장과 번영을 위해 모든 분야에서 그 궤도를 크게 수정하지 않으면 안 되는 상황에 직면했다. 미국 국방부의 "펜타곤 보고서"를 통해 드러났듯이 오늘날 우리 인류의 최대 위협은 테러 등의 군사적 위협이 아니라 전 지구적 기후변화이다. 전쟁이나 테러보다도 지구환경 문제로 인해 더 많은 사람들이 고통받거나 사망하고 있으며, 그 인명 및 재산 피해 규모는 더욱더 심해져 가는 추세에 있다.

여기서는 현재 우리가 직면한 지구온난화와 기후변화, 이상기후와 자연재해, 환경오염, 자원과 에너지의 고갈 문제들에 대해 생각해 보기로 한다.

지구온난화와 기후변화

아직도 음모론 등으로 치부하며 믿지 않는 사람들이 있을지는 모르지만, 이제는 꼭 과학자가 아니더라도 거의 모든 사람들이 지구온난화는 엄연한 사실이며 아마도 이로 인해 오늘날 이상기후가 나타나고 있을 것이라는 주장에 동의하고 있다. 나아가 계속해서 심화되는 자연재해와 기후변화의 상관관계를 인식하고 이를 체감하는 사람들이 점점 더 늘어나고 있는 중이다. 정부 간 기후변화위원회(이하 IPCC; Intergovernmental Panel on Climate Change)는 2007년에 발간한 제4차 보고서를 통해 기후변화 대응 노력을 인정받아 엘고어(El Gore)와 함께 노벨평화상을 공동으로 수상하기도 했다.[1]

태양으로부터 유입된 태양에너지는 원래 일부(30%)만 반사되어 바로 우주로 나가고 상당 부분(70%)은 지표면에 도달했다가 서서히 우주로 방출되는데, 이때 대기 중 이산화탄소와 같은 온실가스가 이 방출되는 열을 다시 흡수하여 대기를 따뜻하게 유지해 주는 역할을 한다. 그러나 산업혁명 이후에 지속적으로 과도하게 온실가스를 배출함에 따라 대기 중 온실가스 농도가 일정하게 유지되지 못하였고, 결국 온실가스 농도 증가와 함께 지표 온도가 과도하게 증가되었는데, 대다수의 과학자들은 이를 지구온난화의 주된 원인으로 이해하고 있다. 최근의 기후모델 결과는 산업혁명 이후의 이 전례 없는 온실가스 농도 증가에 따른 20세기의 지구온난화를 잘 설명하고 있다.

그럼 실제 지구온난화는 현재 어느 정도 수준으로 일어나고 있는 것일까?

---

1   "The Nobel Peace Prize 2007". Nobelprize.org. 4 Oct 2011
     http://www.nobelprize.org/nobel_prizes/peace/laureates/2007

지표 부근의 대기와 바다의 평균 온도는 최근 수십 년에 걸쳐 지속적으로 상승해 왔다. 그림 1의 그래프는 1900년대에 들어서 지속적으로 증가한 기온이 2000년에는 섭씨 +0.4도의 기온이상(평균 기온에 비해 0.4도 더 높음을 의미)에 도달한 것을 보여 준다(그림 1). 1900년대 초까지만 해도 평균보다 낮게 유지되다가 지난 세기 백 년 동안 0.6도 이상 상승한 것이다. 섭씨 1도에도 미치지 못하는 고작 0.6도의 변화가 그리 큰 문제이겠는가 생각할 수도 있겠지만, 이와 같은 전 지구적 변화는 지난 천 년 동안 유례가 없었던 '큰' 사건이며, 실제로 오늘날 심각한 '문제'를 초래하고 있다.

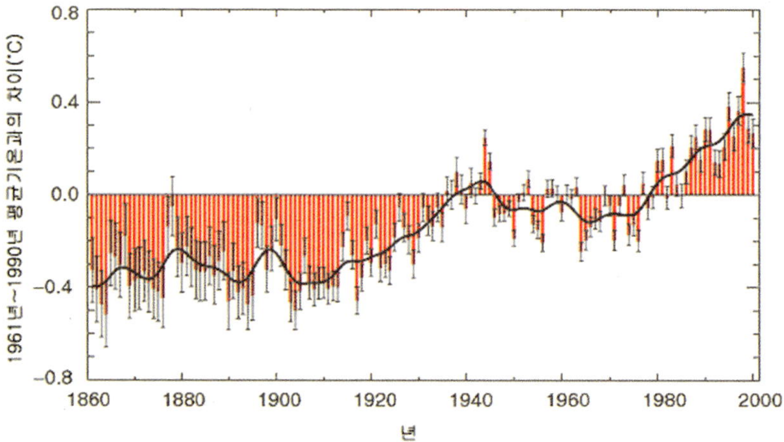

↘ **그림 1** 지난 140년간의 지표부근 지구 평균 기온 상승 추이 [2]

[출처: 정부 간 기후변화위원회(Intergovernmental Panel on Climate Change; IPCC)]

지난 천 년 동안 북반구 평균 기온의 변화는 나무의 나이테, 산호, 얼음코어, 역사적 기록으로부터 구할 수 있는데, 최근의 변화는 그야말로 유례가 없던 심각한 것임을 이를 통해 알 수 있다(그림 2). 그림 2의 그래프는 1900년대에 들어서기 전까지는 기온이상이 음의 부호(평균보다 낮은 기온)를 유지하고 있다가 그 이후 지난 백 년간 급격한 기온 상승이 일어났음을 잘 보여준다(그림 2). 더구나 이 그래프들은 전 지구적 혹은 북반구 전체적인 평균이고, 실제로는 지역에 따른 차이도 커서 이보다 훨씬 더 빠른 기온 상승을 보이는 지역들도 많다(그림 3). 유럽은 지난 150년 동안 섭씨 1도 이상 상승했고, 한국도 기상관측을 시작한 1904년 이래 지금까지 평균 기온이 섭씨 1.5도 이상 상승했다. 동해와 같은 한반도 주변의 바다에서는 세계 평균 수온 상승폭보다 큰 수온 상승이 나타나고 있는 것으로 알려져 있다. 일반적으로 북반구 고위도로 갈수록 더 빠른 기온 상승을 보이며, 바다보다는 육지에서 더 빠른 기온 상승이 나타나는데 이러한 사실은 2004년부터 2008년까지의 5년 동안 나타났던 기온 상승의 전 세계적 분포에서 확인할 수 있다(그림 3). 특히 유라시아 대륙 중앙부와 북극 부근 및 남극대륙 일부 지역에서는 섭씨 2도의 기온 상승이 나타난 것을 알 수 있다.

지구온난화는 단순히 기온만 상승시키는 것이 아니고 바닷물의 수온도 상승시키고, 빙하도 녹여 해수면도 상승시키고, 강수 유형을 변화시키는가 하면, 해류의 순환에까지 영향을 미쳐 해류를 통한 열 수송이 적절하게 이루어지지 못하는 경우, 영화 <투모로우>에서 보는 것과 같은 전 지구적 빙하기를 초래할 수도 있는 등, 지구온난화가 야기할 문제는 매우 광범위하고 방대하다. 미 항공우주국(이하 NASA; National Aeronautics and Space Administration)에 따르면 실제로 북극해의 해빙면적이 1980년대 이후 현재까지 지속적으로 줄어들고 있는 중이다(그림 4). 지구온난화는 해양과 대기의 순환을 변화시켜 이상기후를 유발하는 것뿐만 아니라 생태계와 인간의 건강 그리고 산업 전반까지 변화시키게 될 것이며, 결국 지구상에 존재하는 모든 생물들의 '생존'에까지 영향을 미치게 될 것이 분명하다. 현재 인류는 이 지구온난화의 주요 원인으로 주목받고 있는 온실가스 제거 또는 억제를 위해 많은 노력을 진행 중이지만 아직까지도 확실하게 지구온난화를 막을 수 있는 방법을 찾지는 못하고 있는 상태이다.

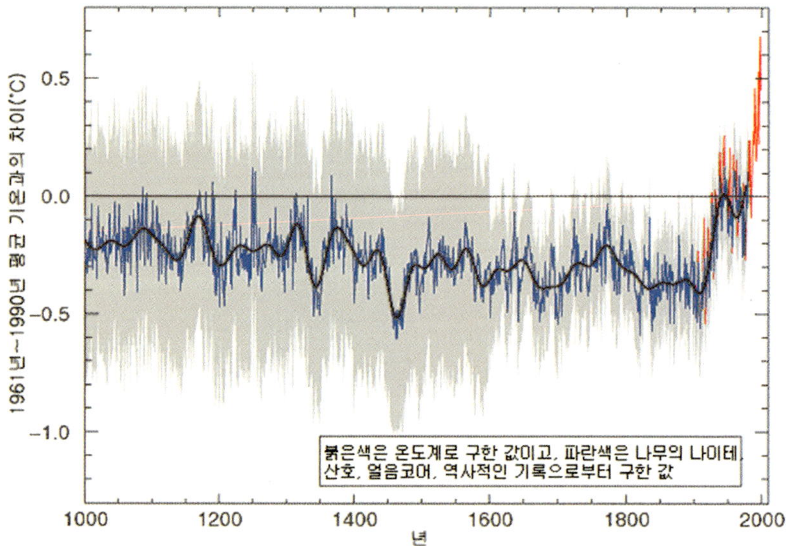

﹨ 그림 2 1,000년간의 북반구 평균 기온 상승 추이 [3]

[출처: 정부 간 기후변화위원회(Intergovernmental Panel on Climate Change; IPCC)]

3   그림 출처: http://energyvision.org/19

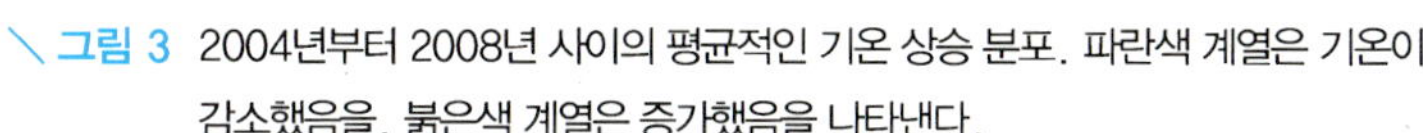

＼ 그림 3 2004년부터 2008년 사이의 평균적인 기온 상승 분포. 파란색 계열은 기온이
감소했음을, 붉은색 계열은 증가했음을 나타낸다.

[출처: 미 항공우주국(National Aeronautics and Space Administration,
NASA), Credit: NASA/Goddard Space Flight Center Scientific Visualization
Studio Data provided by Robert B. Schmunk(NASA/GSFC GISS)[4]]

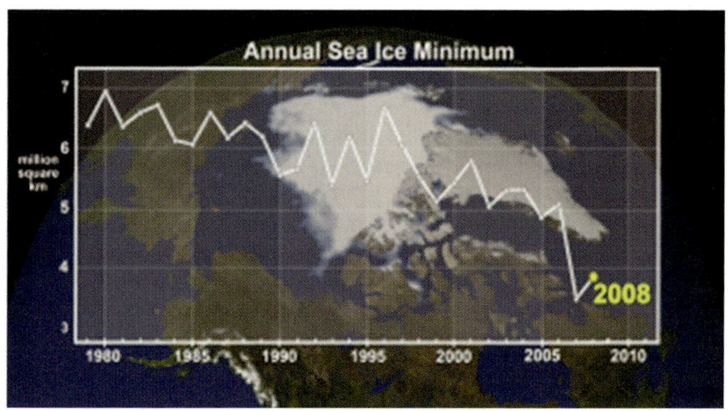

＼ 그림 4 북극해의 해빙 분포와 1979년부터 2008년 사이의 연간 최소 해빙 면적.
1980년대 이후 해빙 면적이 꾸준히 감소하고 있음을 보여 준다.

[출처: 미 항공우주국(National Aeronautics and Space Administration; NASA)[5]]

전 지구적 이상기후와 자연재해

'기록적인' 혹은 '기상 관측 이래 최고' 등의 수식어를 너무 자주 접하다 보니 이제는 기상 '이변' 자체가 '이변'이 아니라고까지 한다. 그러나 때 아닌 폭염, 폭우, 폭설, 가뭄, 지진 등 우리가 현재 겪고 있는 전 지구적 현상은 지난 수십 년 동안 뚜렷하게 달라진 '이상'기후로 불리기에 충분한 것이다.

매년 기록을 갈아치우는 이 새로운 기후 때문에 오늘날 세계 도처에서 많은 인명과 재산 피해가 속출하고 있다. 2011년 6월 6일 노르웨이 오슬로에서 열린 기후변화와 자연재해에 따른 이재민 관련 국제회의에서 발표된 한 보고서에 따르면, 2010년 한 해에만 홍수나 지진 등의 자연재해로 발생한 전 세계 난민이 남한 인구에 가까운 4,200만 명이라고 한다. 20년 만에 최대였다는 2010년에 발생한 총 950건의 자연재해 중에서 기상이변과 관련된 것이 90%에 달하며, 총 피해액이 1,300억 달러(약 140조 원)로 추정된다고 한다. 이미 기상이변으로 인한 재산 피해만 해도 끔찍한 수준에 도달한 것이다. 1월 아이티 대지진으로 시작해서, 2월 칠레 대지진, 3월 유럽 폭풍우, 4월 중국 대지진과 북유럽 화산 폭발, 여름철 파키스탄과 중국의 대홍수(그림 5), 10월 인도네시아 메라피 화산 폭발 등 2010년 한 해는 자연재해로 얼룩진 한 해였다(표 1).

표 1 | 2010년 지구촌의 자연재해

발생일자	재 해	피 해
1월 12일	서인도제도 아이티에 리히터 규모 7.3의 대지진 발생	· 22만 명 사망 · 아이티 인구의 3분의 1이 이재민
2월 27일	남미 칠레 연안에서 진도 8.8 강진 발생, 해안의 쓰나미 발생	미화 80억 달러(한화 약 9조 원)의 보험금 지급
2월 26일~3월 1일	폭풍우 신시아(Xynthia) 유럽 강타	· 프랑스에서만 51명 사망 · 포르투갈 연안에서 발생하여 스페인, 프랑스를 지나 벨기에와 독일을 통과하며 동유럽에 이르기까지 유럽 전역의 광범위한 피해
4월	중국 티베트 자치구 칭하이 고원에서 7.1 규모의 지진 발생	· 1,400명 이상 사망 · 1만 명 이상 부상
4월 14일	북유럽 아이슬란드에서 화산 폭발	유럽 전역의 화산재로 인한 항공대란
7월	파키스탄 대홍수	· 1,500명 이상 사망 · 미화 95억 달러(한화 약 10조 원) 피해
7월	러시아 국경지대에서 300여 건의 산불이 합쳐진 대화재 발생	· 화염 및 연기(유독가스)로 인한 피해 · 최소 5만 6천 명 사망, 수십만 명 대피 · 항공기 이착륙 금지, 체르노빌 원전 사고 이후 방사능이 남아 있는 지역의 핵시설 위협
5월부터 여름기간	중국 당국의 8월 31일 홍수 피해 발표	· 4,200여 명 사망, 1억 2천만 명 이재민 발생 · 200만 채의 가옥 파괴, 500만 채의 가옥 수장, 1,420억 위안(한화 약 25조 원) 피해
10월 25~26일	인도네시아 메라피 화산 폭발, 남쪽 해역에서 규모 7.7의 강진 발생	· 마을주민 273명 사망, 40만 명 대피 · 화산재 인근 지역의 농경 피해

\ **그림 5**　2010년 7월 중국의 홍수 기간에 찍힌 사진
[출처: zzang님의 중국사진 모음 블로그[6]]

2010년의 북반구 여름 동안에만 해도 한쪽(북반구)에서는 폭우와 폭염이 국가적 재앙 수준으로 발생하는가 하면, 반대편(남반구)에서는 한파로 동사자가 속출했다(그림 6). 러시아 중서부 지역에서는 한 달 이상 지속되었던 가뭄과 섭씨 40도를 웃도는 폭염 및 산불 확산으로 3중고를 겪으며, 국가비상사태를 선포하기까지 했다. 유례없는 폭염으로 물놀이에 나섰다가 수천 명의 사람들이 숨졌고, 수백 건의 크고 작은 산불로 인해 최소 5만 6천 명이 사망하고 수십만 명이 대피했다. 반대로 남미에서는 밀림지역까지 영하로 내려가는 유례없는 혹한에 수백 명이 동사하고, 페루 안데스 고원지대에서는 기온이 영하 20도 이하로 떨어져 100명이 넘는 사망자가 생기며 비상사태가 선포되기도 했다. 또, 최악의 폭우로 파키스탄 북서부에서는 1,500명 이상 사망하고, 중국 남부와 동북부에서도 1억 2천만 명 이상의 이재민이 발생하는 등 기록적인 피해를 남겼다.

6　http://blog.daum.net/_blog/BlogTypeView.do?blogid＝0Bg0H&articleno＝18296611&categoryId＝959745®dt＝20100720121613#ajax_history_home

╲ **그림 6** 2010년(북반구 기준) 여름의 지구촌 이상기후 피해
[출처: 2010년 8월 5일자 세계일보 기사]

더욱 큰 문제는 이처럼 심각한 지구촌의 자연재해가 2010년 한 해로 끝나지 않았다는 점일 것이다. 2011년은 재난의 역사를 다시 쓴 해라고까지 한다. 6월 말까지의 재산 피해액이 2,650억 달러(약 300조 원)로 이미 사상 최고치를 갱신했기 때문이다. 보험회사로서는 최악의 해가 아닐 수 없을 것이다. 인명피해도 막대하다. 아프리카의 케냐와 그 인근 국가들에서는 60년 만의 최악의 가뭄으로 사막화가 진행되어 1천만 명 이상의 이재민이 발생했고, 이미 2백만 명 이상의 어린이들이 영양실조 상태로 죽어 가고 있는 중이다. 미국도 1936년 이래 가장 더운 여름을 맞이하기 직전인 4~5월에 폭우로 인한 미시시피 강 범람으로 큰 홍수 피해를 겪어야 했으며, 뉴질랜드와 호주도 각각 지진과 홍수로 큰 고통을 겪었다. 특히 10년간 가뭄이 지속되던 호주에서는 50년 만의 대홍수로 20개 도시가 고립되고 20만 명 이상이 대피하는 대혼란이 있었다. 무엇보다 가장 끔찍했던 것은 3월 일본에 지울 수 없는 상처를 남긴 대지진과 그 쓰나미(지진해일)로 인한 피해일 것이다. 그 피해액은 사상 최대의 재산피해액을 기록했던 2005년

허리케인 카트리나로 입은 피해액에 육박하며, 사상자 1만 5천 명 이상, 실종자 7천여 명 이상이란 기록을 남겼다. 특히 이어진 후쿠시마 원자력 발전소 사고와 파괴된 해안에서 발생한 쓰레기 더미 문제는 심각한 환경 오염 문제로까지 이어지고 있어서 제2, 제3의 피해가 우려되고 있다.

그럼 한국은 어떨까? 안타깝지만 한국도 지구온난화로 인한 변화를 피할 수 없으며, 최근의 폭설이나 폭우, 가뭄 등의 전 지구적 이상기후로부터 자유로울 수 없는 듯하다. 2009년 강원 남부의 가뭄 사태, 2009~2011년의 겨울철 한파와 폭설, 그리고 중부지방 집중호우 등은 한반도에서도 전 지구적 이상기후와 무관하지 않은 '이변'들이 속속 발생하고 있음을 보여준다. 특히 2010년 9월 21일 하루 동안 서울에 내린 259.2mm라는 강수량은 9월 하순 강수량으로서는 1908년 관측 시작 이래 가장 많은 비로 기록되었다.[7] 추석연휴를 강타했던 이 폭우로 서울시내 곳곳이 아수라장으로 변하는 대란이 발생하기도 했다. 또, 2010년 새해에는 서울에 25.8cm라는 100여 년 만의 최대 폭설이 내려 일부 도로가 통제되고 지하철로 시민들이 몰리며 교통까지 마비되는 등 크고 작은 문제들을 일으켰다. 2011년에도 유례없는 한파와 함께 호남지방과 경북 동해안 지역에 폭설이 내려 이상기후 문제가 한반도에서도 이미 현실화되어 가고 있음을 보여 주고 있다.

---

7   2010년 9월 23일자 연합뉴스 기사, "서울 하루 259.5mm…102년 만의 폭우".

그림 7 겨울 영동지방의 폭설로 쌓인 차량의 눈들을 치우고 있는 사람들
[출처: 2010년 3월 8일자 연합뉴스 기사]

오염되는 환경, 심화되는 위협

환경오염 문제도 어제오늘의 일이 아니었지만 이제는 범국가적 재난과 재해까지 증가하면서 그 위협이 너무나도 심각한 수준에 이르렀다. 계속 심화되어 가는 환경의 위협 속에 살아가야 하는 우리와 후손들로서는 예전보다 이 문제에 더 큰 관심을 가지지 않을 수가 없게 된 것이다. 대기와 땅은 물론이고 강물과 지하수 그리고 바다에 이르기까지 총체적인 환경오염에 시달리고 있다. 특히 해양오염 문제는 국가별 환경오염 방지 노력과 별도로 최근의 이상기후와 범국가적 재난·재해에 대한 전 지구적 규모의 대응책이 절실히 요구되고 있는 실정이다. 2011년 3월 11일 발생한 일본 대지진과 그 쓰나미(그림 8)로 인한 후쿠시마 원자력발전소 사고는 이런 문제들이 이미 국경을 초월한 것임을 잘 보여 준다.

특히 후쿠시마 원전 사고는 한 번에 끝난 체르노빌 원전 사고와 달리 6개월 이상이 지나서까지도 계속해서 방사능이 바다로 유출되었다는 점에서 방사능 오염에 대한 심각성을 더하고 있다. 방사선 유출로 인한 토양과 수질 오염 및 생태계와 농·축·수산물의 오염 가능성도 문제다. 비록 매우 적은 양이기는 하지만 사고 이후 아직까지도 줄어들지 않고 있는 태평양으로의 방사선 유출량은 그 잠재적 피해를 가늠하기조차 어렵게 한다. 단기적인 방사능 노출은 그 양이 매우 적기 때문에 영향이 크지 않을 것으로 보이지만, 해산물과 해양침전물에 축적된 방사능 물질에 대한 장기적인 영향은 확신할 수가 없는 것이다. 특히 먹이사슬 생태계 구조의 상위 단계로 갈수록 그 축적량이 높아지기 때문에 해양의 미세한 플랑크톤으로부터 시작해서 포유류에 이르기까지 누적된 방사능은 증가하게 되는데, 사람이 누적된 방사능 오염 음식을 섭취하게 될 경우 체내 피폭이 되기 때문

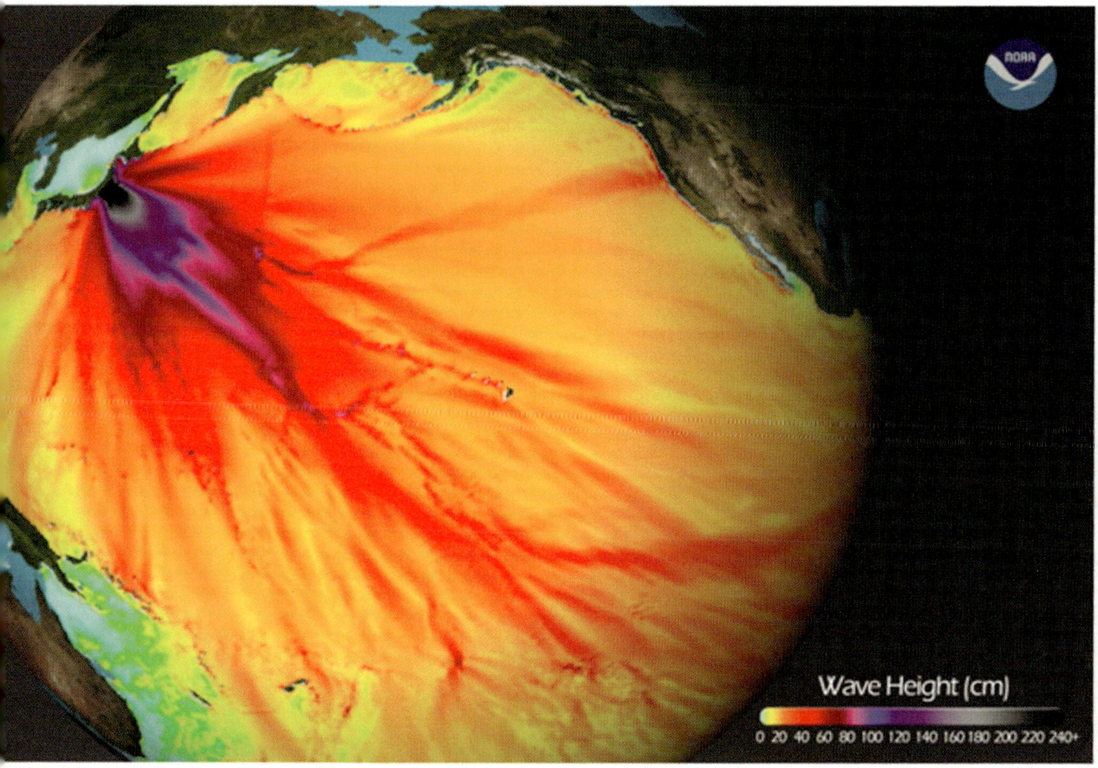

╲ 그림 8 미 국립해양기상청, 태평양해양환경연구실의 쓰나미 연구센터에 따르면 일본 대지진
이발생한 지점으로부터 해일에 따른 거대한 파고가 그 크기가 줄어들면서 태평양을
가로질러 남반구에까지 전파되어 나간 것을 알 수 있다.
[출처: 미 국립해양기상청(National Oceanic and Atmospheric Administration;
NOAA)²].

에 체외 피폭보다 더 위험하며, 극미한 양만으로도 유전자를 파괴하고 세
포를 교란시켜 암이나 백혈병을 유발할 수가 있다. 폭발 및 방사능 관련
질환으로 사망한 피해자들의 수가 체르노빌의 경우에는 사고 후 25년간
20만 명에 달했지만, 영국 얼스터대학의 크리스 버스비 교수에 따르면 후
쿠시마 사태의 경우 앞으로 사망자만 100만 명 이상이 될 것이라고 한다.
방사능 오염뿐만 아니라 쓰나미로 인해 발생한 쓰레기들의 바다 유입 또

한 문제가 되고 있다. 일본 해안으로부터 태평양으로 떠내려간 나무, 보트, 자동차, 지붕 등 쓰레기 더미는 지금도 계속해서 태평양을 표류하고 있는 중이다(그림 9). 쓰나미가 해안을 덮치면서 수천의 시신들이 바다로 쓸려 갔고, 떨어져 나간 팔다리 등 대부분은 물속에서 분해되지만, 신발로 둘러싸인 사체의 발이 신발과 함께 바다를 떠다니며 부패되는 등의 분해되지 않는 쓰레기들이 문제가 된다. 이 쓰레기 더미의 현장에 있던 미 해군 제7함대 소속 부대원들은 이처럼 끔찍한 광경은 지금까지 본 적이 없다고 한다. 또, 떠다니는 쓰레기들 중 낚시 그물과 같은 것들은 선박의 프로펠러에 감기게 되면 항해에 치명적이기 때문에, 태평양을 통과하는 많은 선박들에도 위협이 될 수 있다. 이 거대한 쓰레기들은 계속 태평양을 떠다니며 서서히 이동 중인데, 현재는 미국 캘리포니아 쪽으로 항해 중이며 우회하여 2년 내에 하와이를 강타하게 될 것이라고 한다.

쓰레기 중에서도 특히 문제가 되는 것은 분해가 되지 않는 플라스틱이다. 이미 태평양에는 어마어마한 양의 거대한 플라스틱 쓰레기 더미가 존재하고 있는데, 그 크기가 남북한을 합친 한반도 면적보다 훨씬 크며, 무게는 자그마치 350만 톤에 달한다고 한다. '태평양 쓰레기 패치', '쓰레기 소용돌이', '쓰레기 수프' 등으로 불리는 이 거대한 양의 쓰레기 더미는 태평양 전체 해류순환의 내부에 존재하며, 그 속에는 분해가 되지 않는 무수히 많은 칫솔, 플라스틱 장난감, 가방, 플라스틱 병 등이 있어서, 많은 해양생물들이 지속적으로 고통받고 있다(그림 10). 한 예로 하와이에서 죽은 채 발견된 거북이의 위와 창자에는 천 개 이상의 플라스틱 조각들이 발견되기도 했다. 현재

---

8   http://www.nnvl.noaa.gov/MediaDetail.php?MediaID=680&MediaTypeID=1
9   기사원문: http://www.dailymail.co.uk/news/article-1374520/Japan-earthquake-tsunami-debris-floating-US-West-Coast.html#ixzz1ZMYEEXPY

 2011년 3월 쓰나미로 파괴된 일본 해안에서부터 떠내려 온 나무, 보트, 자동차, 지붕 등 거대한 쓰레기 더미가 태평양을 표류하고 있다. 하와이대학 연구자들은 이 쓰레기 더미가 2년 내에 하와이를 강타하게 될 것이라고 예측하고 있다. [미 해군 사진 제공, 출처: 2011년 4월 8일자 MailOnline 기사[9]]

매년 백만 마리 이상의 바닷새들과 십만의 해양 포유류들이 이런 플라스틱 쓰레기로 인해 죽어 가고 있는 것으로 추정된다.[10] 이 같은 거대한 쓰레기 더미는 비슷한 형태로 인도양과 대서양에도 존재하고 있다고 한다.

넓디넓은 바다 한가운데에서의 환경오염이 이 정도이니 좁은 항만이나 연안에서의 오염은 오죽 심각하겠는가. 한국도 최근에 태안 기름유출 사고를 경험한 바 있지만, 2010년에 발생한 미국 멕시코 만의 기름유출 사건은 인간 활동으로 인한 연안지역 해양 오염의 극단적인 단면을 잘 보여

---

10   국제 그린피스(Greenpeace International)
http://www.greenpeace.org/international/en/campaigns/oceans/pollution/trash-vortex/?MM_URL=http://oceans.greenpeace.org/en/our-oceans/pollution/trash-vortex#

╲ **그림 10** 국제 그린피스에 따르면 태평양의 해류순환 내부에 존재하는 거대한 쓰레기 더미는 분해가 되지 않는 무수히 많은 플라스틱 조각들로 되어 있다고 한다.

[출처: 국제 그린피스(Greenpeace International)[11]]

준다. 2010년 4월 20일 영국 석유회사 BP가 운영하던 시추시설(Deepwater Horizon)이 폭발하면서 시작된 이 사고로 410만 배럴의 원유와 36만 3천 톤의 천연가스가 바다로 흘러 들어갔다고 한다. 사고 후에 표층에 나타난 기름띠만 해도 서울시 면적의 40배 이상이었으니 깊은 바닷속에 가라앉아 떠다니는 무거운 기름까지 생각한다면 가히 그 규모가 엄청난 것이 분명하다. 아직도 전체 유출량의 25% 정도만이 제거되었고, 남아 있는 기름과 그로부터 바뀐 성분들로 인해 가늠할 수 없는 피해가 계속되고 있다. 최근에는 맥시코 만 일대의 어류에서 기형징후가 발견되어 보고되었고,[12] 유정에서 100km 이상 떨어진 바다에서 식물성 플랑크톤과 같은 유기물질과 결합해 만들어진 것으로 추정되는 갈색의 기름 덩어리가 발견되기도 했다. 또, 하얀색이 아닌 검은색의 해파리가 나타나기도 했으며, 2011년 멕시코 만 해변에서는 청백 돌고래 151마리의 시체가 발견되기도 했다.[13] 멕시코 만에서는 멸종 위기의 많은 해양 포유류들을 포함한 크고 작은 많은 해양생물들이 계속해서 소리 없이 죽어 가고 있는 중이다(그림 11).

연안에서는 해양투기도 심각한 문제가 되고 있다. 특히 해양투기를 중단한 미국(1992년), 영국(1999년), 일본(2007년) 등과 달리 2012년부터 해양투기 중단을 시작할 예정인 한국은 2010년 한 해 동안에만 해도 동해 두 곳에 약 312만 톤, 서해 한 곳에 약 136만 톤 등 모두 447만 8천 톤의 유기성 쓰레기를 버렸다고 한다. 1988년 해양투기가 시작된 이래로 2010년까지 총 1억 2,300만 톤이 넘는 폐기물을 바다에 버렸으니 일부 해역에서 그 오염

11   http://www.greenpeace.org/international/en/campaigns/oceans/pollution/trash-vortex/
12   2011년 9월 28일자 CBS 노컷뉴스 기사, "BP 원유유출 멕시코 만 어류 '기형징후'", 기사원문: http://www.nocutnews.co.kr/show.asp?idx=1929905
13   2011년 4월 17일자 동아사이언스 기사, "맥시코 만서 검은 해파리 발견원유 유출 사고 여파", 기사원문: http://news.dongascience.com/PHP/NewsView.php?kisaid=2011041720000 2235044&classcode=011406

╲ **그림 11** 2010년 4월 20일 발생한 멕시코 만 원유유출 사고는 이 지역 야생 동물의 삶을 송두리째 흔들어 놓았다. 1. 가장 큰 피해를 입은 인근 루이지애나 주의 이스트그랜드테르 섬 해안에는 주의 상징 동물인 갈색 펠리컨 한 마리가 원유를 뒤집어쓴 채 나는 꿈을 포기했고, 2. 인근 또 다른 섬에서는 소라게 가족이 기름으로 더욱 무거워진 집을 짊어진 채 사투를 벌이고 있다. 3. 구조대의 손길이 미치지 못한 바라타리아 만의 인근 해안에는 죽은 바다거북 한 마리가 기름바다 위를 떠다니고 있다.
[출처: 2010년 6월 19일자 서울신문 기사[14]]

실태가 심각하고, 심화될 가능성을 보이는 것은 당연한 귀결인 셈이다. 여기에는 음식폐기물, 가축분뇨, 하수오니, 산업폐수 등이 모두 포함되지만 특히 카드뮴, 납과 같은 중금속을 비롯한 유해물질이 고농도로 함유된 산업폐수가 증가하고 있어 바다생태계에 큰 위협이 되고 있는 실정이다. 결국 해양오염과 수산물오염이라는 부메랑이 되어 우리의 건강과 생명을 위협하게 될 것은 자명한 일이다.

날로 심각해지고 있는 해양오염을 포함한 지구촌 곳곳의 총체적인 환경

오염은 제2, 제3의 환경 재앙들을 발생시킬 소지가 다분하며, 오늘날 인류의 생존을 크게 위협하는 하나의 요소로 꼽힐 정도로 심화되고 있다.

에너지와 자원의 고갈

우리 인류의 미래 생존을 위협하고 있는 또 다른 요소 중 하나는 바로 매일매일 사용하고 있는 에너지와 자원의 고갈 문제이다. 바로 얼마 전인 2011년 9월 15일에는 한국 전역에서 잠시나마 대정전(Black Out) 사태가 발생했었다. 다행히 1~2시간 내에 바로 다시 전기 공급이 이루어져 큰 피해는 없었다고 해도 그 한 시간 사이에만 건물 승강기에 갇힌 신고가 100건 가까이 접수되었으며, 신호등이 꺼져 교통사고 위험이 발생하는 등 일대 소동이 벌어졌었다. 아마도 이제 장기간 전기 없이 사는 것은 거의 불가능에 가까워진 것 같다. 이 사건은 또한 전력 관리에 대한 경각심을 불러일으키기도 했다. 그저 이상기후에 따른 여름철 전력 과소비 등이 문제라고 하기에는 전력 정책 문제가 너무 취약한 것은 아닐까?

한국은 대형 원자력 및 화력 발전소 공급 중심형 전력체계를 가졌다. 화석 연료가 고갈되어 가고 있는 현실에서 화력발전소를 더 확대할 수는 없는 노릇이니, 현재 34%인 원자력 의존도를 향후 높여 간다는 계획이다. 그런데 앞에서 살펴본 후쿠시마 원전 사고나 또는 그 이전에 발생했던 체르노빌 원전 사고와 같이 원자력은 너무나도 위험성이 커서 유럽 선진국들은 이미 원자력 에너지 감소 및 단계적 폐지 시나리오 구축을 도입하는 중이다. 전력 정책상으로도 하루빨리 대체 에너지를 개발하고 상용화할 필요가 있어 보이지만, 그보다 더 근본적인 에너지 자체의 고갈 문제는 이미 전 세계적으로도 큰 이슈가 된 지 오래이다.

석유의 예를 보자. 이제 자동차도 하이브리드를 넘어 완전한 전기자동차들이 상용화된 시대가 되었다. 비록 국제에너지기구(이하 IEA; International Energy Agency)에서 2030년까지는 석유 공급이 줄어들지 않을 것이라고 했지만, 이 같은 낙관론자들의 목소리에도 불구하고 어느새 우리는 전 세계적인 고유가 시대에 접어든 지 오래이며, 앞으로도 지속적인 유가 상승이 전망되고 있다(그림 12). 사실 석유 고갈의 시기가 언제가 될지, 현재 남은 석유 매장량이 어느 정도인지 정확히 아는 것은 거의 불가능에 가깝다고 한다. 일단 석유수출국기구(이하 OPEC; Organization of the Petroleum Exporting Countries)를 중심으로 한 중동, 남미, 미국, 러시아 등 주요 산유국들이 석유 매장량 관련 정보를 1급 국가 기밀로 하여 제대로 공개하지 않기 때문이다. 그러나 확실한 것은 석유 또한 천연가스, 석탄 등 다른 에너지원들과 마찬가지로 지구상에 한정된 양만큼만 매장되어 있다는 점이며, 때문에 언젠가는 틀림없이 고갈된다는 점이다. IEA에서 2011년 발표한 "세계 에너지 전망(World Energy Outlook)"에 따르면 2030년에는 석유와 가스 매장지 생산량이 현재보다 40~60% 감소할 전망이다. 물론 석유채굴 기술 등의 획기적 발전으로 생산량이 다소 증가할 수도 있겠지만, 앞에서 살펴본 멕시코 만 원유유출 사고와 같은 일들이 또 발생하여 생산량이 크게 줄어들지 않으리라는 보장이 없고, 무엇보다도 중국, 인도와 같은 인구 대국에서 공업화와 함께 폭발적으로 늘어나고 있는 석유 수요를 고려한다면 유가의 상승과 함께 찾아오는 석유 고갈에 대해 현시점에서 심각한 위기의식을 가지지 않을 수가 없다.

자원 고갈의 문제는 석유에만 국한된 것이 아니다. 매년 소비하고 있는 여러 다른 종류의 자원들도 이미 지구가 감당할 수 있는 수준을 넘어선 지 오래다. 세계자연보호기금(WWF; World Wildlife Fund)은 "살아 있는 지구 보고서(Living Planet Report)"를 통해 현재 수준으로 자원을 계속 소비하려면, 2030

년에는 지구가 두 개나 필요하게 될 것이라고 예측한 바 있다. 유가뿐만 아니라 최근 몇 년 사이에 여러 자원들의 가격이 급등락을 보이고 있는데, 이것 또한 중국, 인도의 공업화와 무관하지 않다고 한다. 시바타 아키오 일본 마루베니 경제연구소 소장은 최근 그의 저서『자원전쟁』을 통해 세계 각국 열강들이 자원을 놓고 벌이는 각축전을 생생하게 그리며 자원 고갈 문제가 인류의 생존과 연결된 것임을 보이기도 했다. 세계 10대 자원

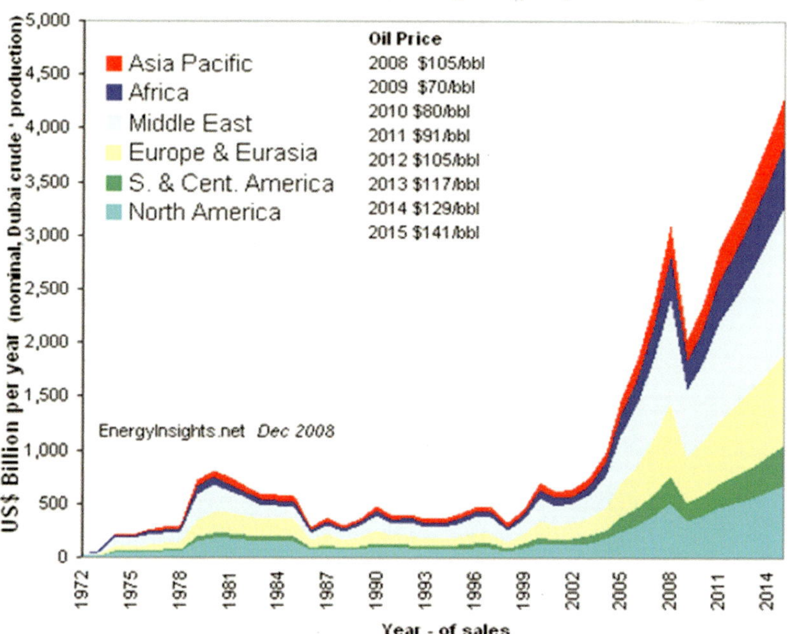

＼ **그림 12** 1972년부터 현재까지 그리고 2015년까지의 지역별 연평균 유가(두바이유 기준) 와 그 전망

[출처: EnergyInsights.net[15]]

소비국이자 97%의 자원을 모두 수입에 의존하는 한국은 특별히 그 대처 방안을 잘 모색해야 할 문제이기도 하다.

또, 앞에서 살펴본 전 지구적 이상기후와 자연재해 증가로 인해 곡물 생산 등이 크게 위협받으면서, 이미 우리는 세계적인 식량난에 처해 있는 상황이다. 2010년 여름의 러시아 폭염과 산불, 그리고 주요 곡창 지대의 폭우 피해는 세계 3위의 곡물 수출국인 러시아의 수확량을 크게 감소시키고, 산림 훼손 등의 문제를 일으키기도 했다. 또, 세계 2위의 밀 수출국이면서 전 세계 밀의 16%를 생산하는 중국에서도 2009년 겨울 50년 만에 나타난 최악의 가뭄으로 농사에 큰 피해를 입어 곡물 수확에 손실이 어마어마했다고 한다(그림 13). 지구촌 곳곳에 발생하고 있는 가뭄과 폭염 등에 따라 산불도 빈번해지고 있는데, 이 또한 곡물 수확에 큰 손실을 가져오며, 사람들의 마음까지 바싹바싹 타들어 가게 만든다. 반기문 유엔(UN; United Nations) 사무총장은 이미 2008년에 세계적인 식량 부족 사태가 '비상상황(emergency)'에 이르렀다고 경고한 바 있다. 급속히 악화되고 있는 국제 식량 부족 사태로 인해 국제 사회가 이루어 온 '가난과의 전쟁'의 성과물이 수포로 돌아갈 위기에까지 처해 있다고 한다. 식량 문제에 대한 장기적인 대책이 없이는 지구에서의 생존을 이야기할 수 없음이 너무나도 분명해 보인다.

물 부족 문제 또한 빼놓을 수 없는 심각한 고갈 문제이다. 세계 인구의 증가와 경제 및 산업 발전으로 물 소비량은 지속적으로 늘어나고 있는 데 반해 강수량은 제한되어 있기 때문에, 세계적인 물 부족 위협이 심각한 상태이다. 유엔의 2006년 "세계물개발 보고서"에 따르면 전 세계적으로 약 11억 명의 사람들이 안전한 물을 마시지 못하고 있으며, 26억 명의 사람들이 물 부족으로 위생적인 생활을 하지 못하는 곳에 살고 있다고 한다(그림 14).

그림 13 중국인들이 2009년 2월 5일 중국 중부의 허난성 지역에서 말라 버린 강바닥 옆을 걷
고 있다. 한 관리는 극심한 가뭄 때문에 빵 생산에 필요한 밀 공급을 감당하는 지역인
중국 북부지역에서 밀 생산량 43%가 영향을 받았다고 전했다.
[출처: 2009년 2월 8일자 아시아투데이 기사[16]]

태평양의 작은 섬나라 투발루에서는 2011년 라니냐 영향으로 6개월 이상 지속된 가뭄을 겪으며 물이 고갈되는 바람에 국가 비상사태를 선포하고 뉴질랜드로부터 물을 공수받아 겨우 생존할 수 있었다고 한다.[17] 호주에서도 북부에서는 갑작스러운 폭우로 강우량이 35년 만에 최고치를 기록

하며 범람과 침수 사태가 빚어지는 반면, 남부에서는 섭씨 40도를 웃도는 폭염에다 사상 최악의 가뭄으로 대형 산불까지 발생하며 많은 피해를 입었는데, 가뭄이나 홍수 모두 물 관리에 어려움을 주는 것은 마찬가지이다. 이처럼 오늘날 이상기후로 인한 가뭄과 홍수의 증가는 각국의 물 관리에 더욱 어려움을 가중시키며, 물 부족 문제를 심화시키는 중이다. 미국은 캘리포니아를 비롯한 서부 지역과 북쪽 중서부 지방에서 심각한 물 부족 현상에 직면하고 있으며, 노벨물리학상 수상자 출신인 스티븐 추 미 에너지 장관은 기후변화로 인해 최악의 경우에는 서부지역 농업용수의 주요 공급원인 시에라 산맥 빙원의 90%가 없어질 수도 있다고까지 경고하기도 했다.[18] 한국도 연평균 강수량은 세계 평균보다 많은 편이지만 높은 인구 밀도로 인해 1인당 강수량은 세계 평균의 10%밖에 되지 않는다. 더구나 대부분의 강수량이 강우 형태로 여름철에만 집중되고 겨울에는 매우 건조한가 하면, 또 강수량이 특정지역에만 집중되거나 해마다 편차가 커서 물 관리가 쉽지 않은 편이다. 변화하는 기후와 속출하는 기상이변 속에서 심화되는 물 관리의 어려움은 한국만의 문제가 아니다. 전 세계적인 물 부족 문제는 인구의 빠른 증가와 이상기후의 출현으로 점점 심화되어 가고 있어서 우리 인류의 지속적인 생존에 매우 큰 걸림돌로 여겨지고 있다.

---

17 2011년 10월 3일자 BBC 뉴스 기사, "Tuvalu declares emergency over water shortage".

18 2009년 2월 8일자 아시아투데이 기사, "글로벌 신용위기에 그린 에너지 산업도 휘청", 기사원문: http://www.asiatoday.co.kr/news/view.asp?seq=207107

19 http://insights.wri.org/aqueduct/atlas

Water Risk Atlas

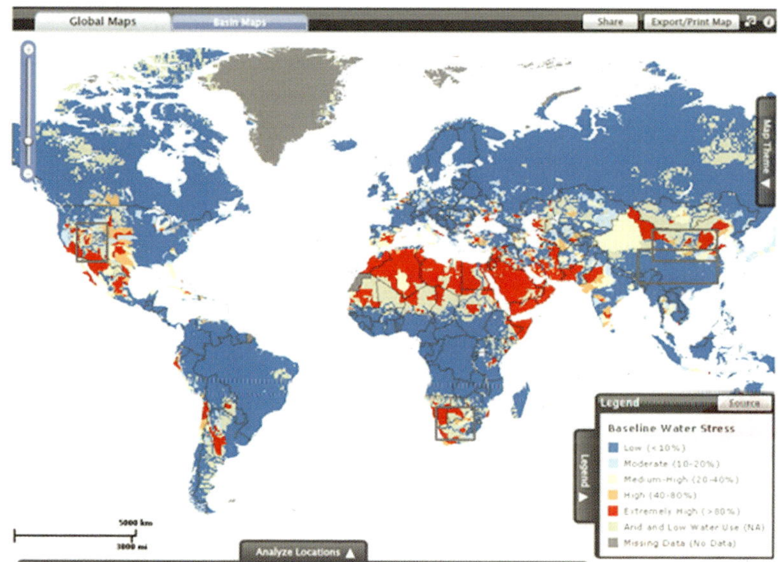

그림 14 전 세계 물 위기 상황을 나타낸 지도. 파란색 계열보다 붉은색 계열로 나타낸 지역이 물 부족 문제가 더 심각하다.

[출처: World Resources Institute[19]]

불확실성

지구온난화

해양산성화와 빈번해지는 슈퍼태풍

환경난민

Part 2. 불확실성

오늘날 전쟁이나 테러보다도 더 심각한 최대 위협으로 다가온 전 지구적 기후변화—가장 큰 문제는 우리가 과거에 이런 변화를 전혀 겪어 보지 않았다는 데에 있다. 전례 없던 대변화 속에서 미래의 지구환경을 전망하는 것은 쉬운 일이 아니기 때문이다. '나비효과(한 곳에서 나비의 날갯짓과 같은 작은 변화가 다른 곳에서의 거대한 효과를 일으킬 수 있을 정도로 그 불확실성이 큼을 의미)'를 통해서도 알려져 있는 지구과학 문제의 예측 불확실성은 불안과 공포를 더욱 가중시키고 있다.

과연 앞으로 지구환경은 어떻게 변해 갈 것인가. 이 물음에 답하려면 우선 현재의 변화를 만든 원인부터 진단하는 것이 필요할 것이다. 그런데 아직까지도 우리는 기후변화가 인간 활동에 의한 것인지 아니면 자연적인 변화인지에 대해서조차 논란을 완전히 종식하지 못하고 있는 상태이다. 이산화탄소와 같은 온실가스 농도의 증가는 지구온난화의 '원인'이 아니고 단순히 기온상승의 '결과'로서 나타난 것일 뿐이라는 주장도 있으며, 이들은 태양 표면의 흑점 폭발로 인한 오존층 파괴를 기온 상승의 원인으로 꼽고 있다. 또, 다른 한편으로는 일부 선진국들이 책임을 회피하거나 개발도상국을 견제하기 위해 만들어 낸 정치적 소산물이라 주장하는 '음모론'이 제기되고 있다. 최근에는 기후변화의 증거가 의도적으로 과장되고 있다는 '기후게이트'나 IPCC 보고서에 히말라야 빙하의 녹는 시점을 잘못 인용한 '빙하게이트'가 제기되며 논란을 더욱 부추기는 일까지 생겼다. 여기에 인터넷 등을 통해 과학적으로 검증되지 않은 무분별한 정보들이 도처에 과도하게 쏟아지면서 점점 기후변화와 지구온난화 문제에 대해 냉소적이거나 회의적인 태도를 보이는 사람들이 많아지는 것을 보게 된다.

그러나 대부분의 과학자들은 2007년 IPCC 4차 보고서의 일부 오류나 수

많은 음모론 및 냉소·회의에도 불구하고 여전히 기후변화는 인간 활동에 의한 것이라는 점을 분명한 사실로서 제시하고 있다. 실제로 검증된 여러 기후모델들이 인간 활동을 고려하지 않은 자연 강제력만으로는 현재 수준의 지구온난화를 설명할 수 없음을 그 결과들로서 보이고 있다. 의도가 어떠하든 모른 척하거나 왜곡한다고 해서 이런 모델 결과들이 없어지는 것은 아니다. 이제는 전 지구적인 관점뿐만 아니라 개별 지역적인 차원에서도 기후변화가 인간 활동에 의한 것이라는 사실이 과학적으로 판명되고 있는 중이다. 적어도 지구가 사람들이 생각하는 것보다 더 민감하게 반응하고 있는 것만은 틀림없어 보인다.

미래 예측에 대한 수많은 불확실성에도 불구하고 오늘날 폭염, 폭설, 폭우, 가뭄, 기근과 같은 기상이변이 점점 더 심해져 가고 있는 것도 사실이며, 자연재해와 환경오염 및 에너지·자원 고갈로 인한 피해 규모는 앞으로도 점점 더 커질 전망이다. 인류의 생존을 걱정해야 하는 오늘날의 위기 속에서 불확실한 지구환경의 변화를 두고 계속 논쟁만 하고 있을 수는 없는 노릇이다. 더 늦기 전에 대책을 마련하고 본격적인 행동에 나서야만 할 것이다. 2009년 세계환경포럼에서 반기문 유엔 사무총장은 기조연설을 통해 "인류의 미래는 우리의 선택에 달려 있는 만큼 선진국과 개도국 간 신뢰를 바탕으로 반드시 공정하고 효율적인 합의를 도출해야 한다."고 했으며, 공동조직위원장인 고건 전 총리도 개회사를 통해 "우리가 시급하게 행동에 나서지 않는다면 40년 후에는 지금보다 지구 온도가 크게 높아질 것"이라며, "지구촌 공동의 노력 없이는 이런 재앙을 막을 수 없는 만큼 부유한 나라, 가난한 나라 할 것 없이 나름의 역할을 해야 한다."라고 밝혔다.

여기서는 지구과학적 불확실성에도 불구하고 각국의 정책결정자들이 신속한 대책 마련을 할 수 있도록 과학자들이 높은 가능성으로 제시하고 있는 '검증된' 지구환경 변화에 대한 전망들을 알아보기로 한다.

지구온난화

과학자들은 여러 종류의 기후모델을 통해 지구환경을 모의하고 이로부터 미래를 예측·전망하고 있다. 이때 이산화탄소와 같은 온실가스 배출량은 중요한 입력자료로 사용되며, 이 온실가스 배출량에 따라 예측되는 결과도 차이를 보이게 된다. 그래서 IPCC에서는 향후 온실가스 배출량에 대한 몇몇 시나리오를 만들어 그 결과들을 비교하여 제시하고 있다. 여전히 큰 불확실성에도 불구하고 인구통계적·사회경제적 그리고 기술적 변화를 바탕으로 다음과 같은 크게 4가지(A1, A2, B1, B2), 좀 더 자세히는 6가지(A1FI, A1T, A1B, A2, B1, B2)의 대표적인 온실가스 배출 시나리오가 만들어졌다.[20]

A1 시나리오: 빠른 세계 경제 성장. 지구촌 인구는 급격히 증가하여 금세기 중반(2050년경) 최고에 달했다가 이후 서서히 줄어듦. 새롭고 더 효율적인 신기술의 급속한 도입. 지역 간 경제 수준 격차 크게 해소. 각 지역 간 사회문화적 교류 활발. 에너지 시스템 기술의 변화 방향에 따라 다시 다음 3가지로 세분

A1FI(Fossil intensive) 시나리오: 지금처럼 화석연료(석유, 석탄) 위주로 사용

A1T(Non-fossil energy sources) 시나리오: 비화석 연료에 더 의존

A1B(Balance across all sources) 시나리오: 화석 연료와 비화석 연료 사이의 균형

A2 시나리오: 인구는 지속적으로 서서히 증가. 지역 간 교류와 경제 성장이 더디며 기술 변화도 느린 매우 이질적인 세계(heterogeneous world)

---

20 IPCC Special Report on Emissions Scenarios(Summary for Policy Makers), 2000, ISBN: 92-9169-113-5, http://www.ipcc.ch/pdf/special-reports/spm/sres-en.pdf

B1 시나리오: 생산과 소비를 크게 줄이고, 재생 자원과 재생에너지에 크게 의존하는 경우. 지구촌 인구는 A1과 같지만 경제구조는 서비스 및 정보 경제 쪽으로 더 급속히 지속 가능한 쪽으로 변하는 수렴적 세계 (convergent world)

B2 시나리오: 인구는 A2보다도 더 느리게 지속적으로 증가. 세계 경제 성장은 중간 수준. A1과 B1보다 느리지만 더 다양한 기술 변화. 지역적인 주체성 강조

IPCC는 이러한 온실가스 배출 시나리오별(앞의 6가지 및 20세기 수준의 배출량을 계속 유지하는 시나리오)로 21세기 100년 동안의 전 지구 표면 평균 온도 변화를 전망했다(그림 15). 시나리오마다 하나의 기후모델 결과만을 사용한 것이 아니고 여러 개의 기후모델 결과들을 종합한 것이므로 그 평균에 대한 편차(음영 부분)가 존재한다. 이 편차를 감안한다고 해도 시나리오별 차이가 작지 않으며, 특히 20세기 수준의 배출량을 계속 유지하는 경우(주황색)를 제외하면 모두 섭씨 1도 이상의 '매우 큰' 지구온난화를 전망하고 있다. 여기서 다시 강조하지만 현재 수준인 섭씨 0.6도의 전 지구적 기온 상승은 지난 천 년 동안 유례가 없었던 엄청난 '사건'에 해당하는 것이다. 이 0.6도의 전 지구적 기온 상승만으로도 이미 앞에서 살펴본 것과 같은 심각한 이상기후와 자연재해 등의 문제를 겪고 있음을 고려할 때, 섭씨 1도 이상 최대 6.4도(A1FI 시나리오의 경우는 평균적으로 4.0도의 상승을 전망하고 있지만 모델별로 섭씨 2.4~6.4도의 큰 편차를 보이고 있다, 그림 15 우측 음영 부분)의 기온 상승은 '매우 심각한' 문제가 아닐 수 없다.

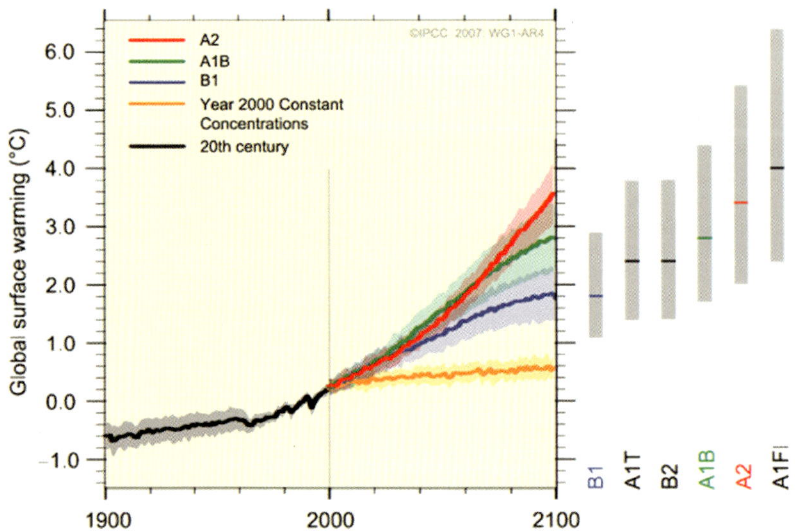

╲ 그림 15 1980~1999년을 기준으로 한 시나리오별(A2, A1B, B1, 20세기 수준으로 계속 유지) 21세기의 전 지구 표면 평균 온도 변화 예측. 음영 처리한 부분은 각 기후모델 평균에 대한 표준편차 범위를 나타낸다. 우측의 회색 바로 시나리오별로 최적 예측 값과 범위를 표시하고 있다.

[출처: 미 국립해양기상청(NOAA) NCDC; National Climate Data Center FAQ, 2010[21]]

이러한 지구 온난화가 야기할 문제는 간단하게 논의할 수 없을 정도로 매우 방대한 것이다. 만약 약 섭씨 3도의 기온 상승이 일어난다면 연간 10km의 속도로 기후대가 극지방으로 이동할 것이라고 한다. 강우와 강설의 패턴이 바뀌며 계절 변화가 달라질 것임은 물론이고, 극지방의 빙하가 녹고 적도 지방의 사막이 확장되면서 인류가 생존할 수 없는 지역이 늘어나고, 전반적인 인류의 생존을 크게 위협할 것이다. 또, 대기와 해양의 순

21 NCDC(National Climatic Data Center) FAQ
    National Environmental Satellite, Data, and Information Services (NESDIS), NOAA
    Satellite and Information Services
    http://www.ncdc.noaa.gov/faqs/climfaq11.html

환 패턴에도 큰 변화가 생기면서 극지방과 적도 지방 사이의 기온 차이는 줄어들 것으로 보인다. 무엇보다도 바다의 수온이 증가하면서 부피가 팽창하는 데다가 남극 등의 대륙 빙하까지 녹으면서 해수면이 더욱 빠른 속도로 상승할 것으로 전망되는데(그림 16, 그림 17), 인류의 약 1/3이 해안 지역에 거주하고 있는 것을 감안할 때 이것 자체만으로도 또한 큰 재앙이 아닐 수 없을 것이다. 바로 뒤에서 다루겠지만 바다에서의 표면 수온이 상승하는 문제는 태풍이나 허리케인 같은 강력한 열대성 저기압이 더욱 강해진 이른바 '슈퍼태풍'의 출현 가능성과 빈도도 증가시킬 수 있고, 해수면 상승과 함께 그린란드 등의 극지역 빙하를 녹여 해빙 두께를 점점 더 얇게 만들 수 있다(그림 18). 또, 장기간 지속되는 한파나 폭염 또는 폭우나 가뭄 등의 이상기후로 인한 자연재해가 더 빈번해지며 곡물 생산이나 어획량이 크게 감소하고, 질병과 식량 부족, 식수난 등은 매우 심각해질 가능성도 높다. 특히 IPCC에 따르면, 아시아와 호주에서는 최대 700만 명이 홍수 위협에 놓이고, 미국에서는 최대 1억 8천만 명이 물 부족에 시달리는가 하면, 유럽과 아프리카에서는 뎅기열과 뇌염 등의 발병이 크게 증가할 것으로 예측되고 있다. 영국의 한 구호단체는 지구온난화로 21세기 말까지 사하라 남부지역에서만 1억여 명이 사망할 것으로 예측하고 있다.

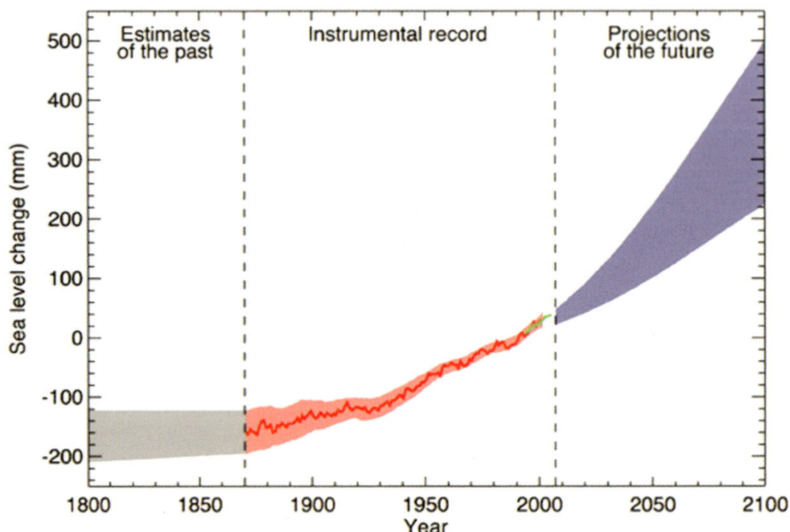

╲ **그림 16** 1980~1999년을 기준으로 한 전 지구 평균 해수면. 1870년까지(회색)는 전 지구적 해수면 관측이 없었으나, 그 이후부터 현재까지(붉은색)는 전 세계 연안 검조소들에서 측정한 조위자료로부터 재구성하였고(단, 음영 부분은 편차를 나타내며 가장 최근의 초록색 부분은 인공위성 고도계 측정 자료를 나타냄), 21세기(파란색 음영)에 대해서는 A1B 시나리오로 예측한 기후모델 결과이다.

[출처: IPCC[22]]

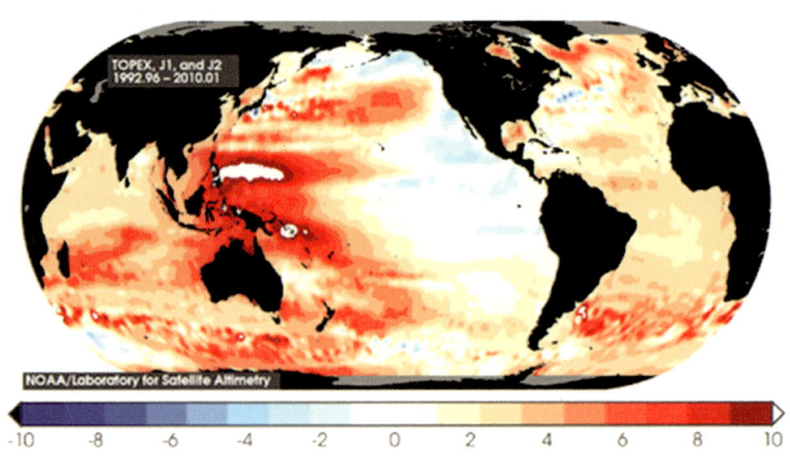

╲ **그림 17** 인공위성 해표면 고도계로부터 측정한 1992년부터 2010년까지의 해수면 변화(단위: cm). 붉은색은 이 기간에 해수면이 상승한 지역을, 파란색은 하강한 지역을 나타낸다.

[출처: NOAA[23]]

그림 18 인공위성에서 측정한 2003년부터 2006년 사이의 해빙 두께 변화. 노란색은 두꺼워짐을, 파란색은 얇아짐을 의미한다.

[출처: NASA, Credit: NASA/Goddard Space Flight Center Scientific Visualization Studio The Next Generation Blue Marble data is courtesy of Reto Stockli(NASA/GSFC)[24]]

22　http://www.ipcc.ch/publications_and_data/ar4/wg1/en/faq-5-1-figure-1.html

23　기사원문: http://www.wm.edu/news/stories/2010/sea-level-study-brings-good-and-bad-news-to-hampton-roads-123.php

24　http://svs.gsfc.nasa.gov/vis/a000000/a003400/a003460/index.html

해양산성화와 빈번해지는 슈퍼태풍

지구온난화와 더불어 인류의 급격한 온실가스 배출이 만들어 낸 또 다른 작품이 있다면 그것은 바로 '해양산성화'일 것이다. 산업혁명 이후의 급격한 이산화탄소 배출은 대기 중의 탄소 농도만 증가시킨 것이 아니었다. 이 중 일부는 육상의 생물권에서 흡수하고 상당 부분(약 3분의 1)이 해양 표면을 통해 바닷속으로 흡수되어 버렸다(그림 19). 만약 바다에서 이처럼 탄소를 흡수하지 않았다면 인간을 포함한 육상 생물들에게 더 큰 피해가 있었을 것이다. 그러나 바닷속의 이산화탄소 농도가 증가하면서 바닷속에 과다하게 녹은 탄소가 수소 이온 농도를 상승시켜, 최근 들어 pH가 낮아지는 '산성화'가 진행되고 있다(그림 20). 원래 해수는 약한 염기성을 띠는데, 산성화가 진행되면서 매우 안정된 pH 환경에서 살아온 바닷속 생물들이 큰 스트레스를 받고 있다. 작은 pH 변화가 어떤 바다생물들에게는 생명을 위협하는 스트레스 요인이 될 수 있기 때문이다. 특히 해양산성화는 골격 등의 껍데기를 형성하는 데 중요한 탄산칼슘($CaCO_3$) 농도를 감소시켜 해양 생태계 전반의 안전성을 위협하는 것으로 인식되고 있다. IPCC 시나리오와 순환 모델 결과에 따르면 21세기 말에 해양의 pH는 약 0.4단위 낮아지고 탄산칼슘 농도가 60% 감소할 것으로 예측된다고 한다. 원래 탄산칼슘이 불포화된 해수는 깊은 곳에만 존재하고 표층에는 포화된 해수가 존재하고 있는데, 2050년경에는 표층의 탄산칼슘이 포화된 해수가 완전히 사라질 것으로 예상되고 있다.

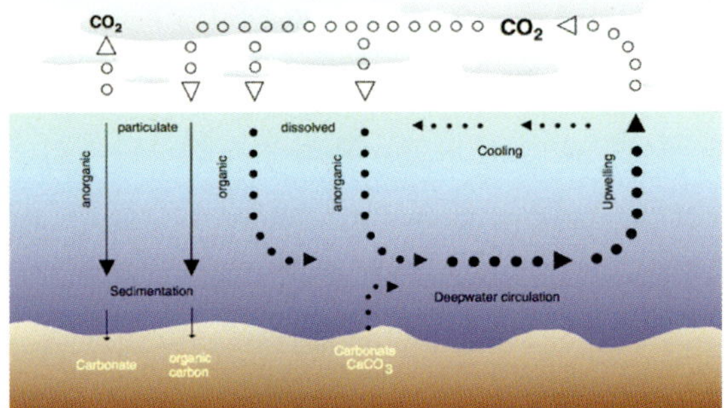

﹨ **그림 19** 대기와 바다 사이의 이산화탄소 순환

[출처: 위키피디아 해양산성화(Ocean Acidification), Credit: Hannes Grobe, Alfred Wegener Institute for Polar and Marine Research, Bremerhaven, Germany[25]]

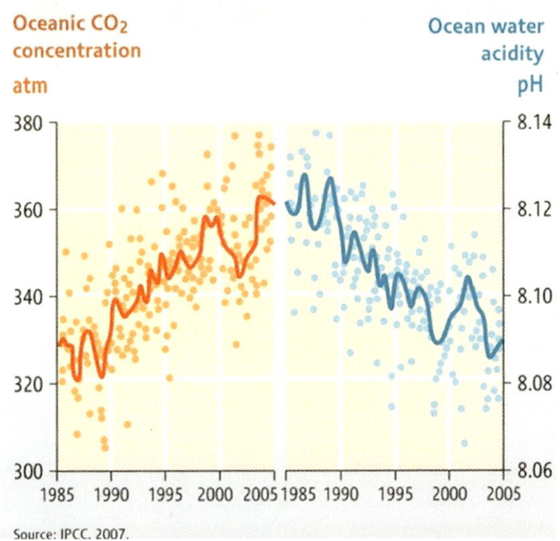

﹨ **그림 20** 1985년부터 2005년까지의 해양의 이산화탄소 농도 (좌)와 pH(우) 변화. 대기 중의 탄소 농도가 증가하면서 바닷속의 탄소 농도도 크게 증가하였으며, 그 결과 바닷물의 pH가 낮아지는 산성화가 나타나고 있다.

[출처: IPCC[26]]

지구상에 약 5억 정도의 인구가 생존, 연안 보호, 자원 활용, 관광산업 등을 위해 의존하고 있는 바닷속 산호(그림 21)의 경우, 지구온난화로 인한 바다의 수온 상승에다가 탄소 농도 증가에 따른 산성화까지 더해지면서, 막대한 피해가 예상되고 있다. 바닷물에 녹은 석회수들이 탄산칼슘 가루로 석출되는 백화현상(갯녹음)으로 산호가 사라질 수 있는데, 특히 강한 엘니뇨가 있었던 1998년에 발생한 단 한 차례의 백화현상만으로도 열대 산호의 6분의 1이나 사라졌다고 한다. 해양산성화는 조개나 갑각류의 껍데기와 골격 형성을 방해하고, 일부 해양생물의 발육과 신진대사에 영향을 미치게 된다. 또, 바닷속 먹이사슬의 기초가 되는 많은 플랑크톤에도 부정적인 영향이 예상되며, 이보다 높은 단계에 있는 무척추동물이나 물고기 등은 물리적인 활동이나 저항력 약화, 신진대사 저하 등의 영향을 받을 것으로 보인다. 오징어처럼 많은 에너지를 요하는 수영법은 혈액에 충분한 산소 공급을 요구하기 때문에 혈액 내 낮은 pH로 인해 건강이 악화될 것이며, 성게나 어류의 유생처럼 0.1~0.2단위의 작은 pH 변화에도 영향을 받는 민감한 생물들의 피해가 특히 클 것으로 예상된다. 과학자들은 해양산성화가 해양생태계, 해양생물다양성, 수산자원 등에 영향을 미치고, 서식지 변화, 질병 유발, 일부 종의 멸종 등을 야기할 것으로 예상하고 있다. 결국 작게는 우리의 밥상과 연안 환경 문제에서부터 크게는 전 지구적 해양생태계 파괴와 생물다양성 감소에 이르기까지 해양산성화로 인한 불확실성 속의 지구환경 변화는 지구온난화에 이어 또 하나의 화두가 되었다.

25   http://en.wikipedia.org/wiki/Ocean_acidification

26   Global Ocean Acidification. (2009). In UNEP/GRID-Arendal Maps and Graphics Library.
      http://maps.grida.no/go/graphic/global-ocean-acidification

27   http://en.wikipedia.org/wiki/Coral_reef

> **그림 21** 다양한 종류의 산호. 위로부터 순서대로 Table Coral, Brain Coral, Staghorn Coral, Spiral wire Coral, Pilar Coral
>
> [출처: 위키피디아−Coral reef[27]]

한국도 동해의 경우 산성화가 세계 평균보다 2배 빠르다는 연구결과가 있어 그 피해가 어느 나라 못지않을 것이라는 전망이 있다. 최근 전복 생산량이 2006년 96톤에서 2009년 36톤으로, 제주도 특산물인 오분자기도 1995년 159톤에서 2005년 13톤으로 크게 줄었고, 바지락 · 가리비 · 홍합 등도 잘 자라지 못하거나 종패에 큰 피해를 보는 중이라고 한다.[28] 그렇다고 해서 꼭 해양산성화로 다 '씨가 마르는' 것만은 아니다. 방어본능을 통해 굴이나 조개껍데기는 오히려 더 두꺼워지는 등 일부 생물들이 해양산성화에 적응하고 있는 사실도 확인되었기 때문이다. 문제는 역시 불확실성이다. 아직까지 우리는 해양생태계가 어떤 형태로 산성화의 영향을 받게 될지 잘 알지 못하고 있다. 단지 분명한 것은 어떤 형태가 되든지 해양산성화는 해양생태계와 우리의 생활에 큰 영향을 미칠 것이라는 점이다. 해양산성화가 일으킬 수도 있는 심각한 문제들을 미리 예측 · 대비하기 위해 선진국들은 이미 그 심각성을 깨닫고 연구를 시작했다. 미국 정부는 관련 연구에 2천억 원을 지원하는 '해양산성화' 관련법을 신설하였고, 영국과 독일 등 유럽 국가나 호주도 본격적인 해양산성화 연구에 박차를 가하고 있는 중이다.

또 다른 불확실성의 지구환경 변화로는 더욱더 빈번해질 수 있는 '슈퍼태풍'을 꼽을 수 있다. 대홍수나 가뭄, 지진, 산불 등 많은 자연재해를 이미 겪고 있는 것이 사실이지만 그중에서도 해마다 찾아오는 태풍에 의한 피해는 한반도에서 피부로 잘 느낄 수 있는 것 중의 하나이다. 2011년에는 그나마 비교적 피해가 크지 않았다지만 1963년 6월 이후 48년 만에 6월 태풍이 한반도에 영향을 미쳐 9명이 목숨을 잃고 10만 5천여 가구가 정전 사태를 겪어야 했으며, 8월에는 태풍 무이파가 제주, 호남지역과 서울, 수

---

28   2011년 7월 6일 동아일보 기사, "해양 산성화의 경고".

도권을 강타하여 강풍 및 폭우 피해를 남겼다. 특히 태풍 무이파는 국토 서남단에 위치한 가거도의 대규모 방파제를 또다시 무너뜨리기도 했는데, 50년 빈도 설계파로 적용된 이 방파제가 3년 전 완공된 이래 지금까지 벌써 다섯 번이나 무너졌다고 하니, 50년 빈도라는 설계 기준이 무색할 정도이다. 그런데 지구온난화가 지속되면 바다 표면의 수온이 상승하여 강도가 높은 태풍의 발생 빈도가 더 증가할 수 있다는 주장이 있다. 비록 아직까지는 둘 사이의 관계를 충분히 입증할 증거가 약하다는 의견도 있으며, 여전히 불확실성이 큰 상태이지만 그럼에도 불구하고 많은 과학자들은 지구온난화로 인한 바다의 수온 상승이 강력한 태풍을 더 자주 발생시킬 수 있다는 점에 대체로 동의하고 있다.

특히 한반도의 경우 태풍의 위험반경에 노출되는 기간도 더 길어지고, 언제 올지는 모르지만 전례 없었던 '슈퍼태풍(중심 최대풍속이 초속 65m 이상)'이 등장하게 되면, 지금까지보다 수십 배나 강력한 위력으로 한반도까지 덮칠 가능성이 존재한다고 한다. 제주대학교 문일주(해양기상학) 교수는 "지구온난화와 슈퍼태풍" 자료를 통해 지구온난화로 인한 바다의 표층수온 증가로 한반도에 영향을 미치고 있는 태풍의 강도가 세지고 있는 것을 예로 들었다. 또, 권민호 한국해양연구원 기후재해연구부 연구원은 지구온난화로 태풍의 강도가 지금보다 18% 세지는 결과를 제시하기도 했다. 실제로 2010년 9월에 한반도에 영향을 미쳤던 태풍 '곤파스'는 다행히 바로 동해로 빠져나갔기는 하지만, 초속 52.4m의 강풍을 동반하여 많지 않은 비에도 불구하고 시설물 피해가 적지 않았다고 한다. 만약 2002년 한반도에 246명의 사망자와 5조 1,479억 원의 재산피해를 일으켰던 태풍 '루사'와 비슷한 경로로 왔었더라면 매우 큰 피해를 면하지 못했을 것이라고 한다.

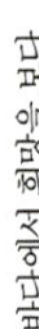

그림 22 2010년 9월 16일 오후 2시 45분의 대서양 인공위성 영상에는 동시에 3개의 허리케인(Igor, Julia, Karl)이 나타났다. 크고 강력한 허리케인 Igor는 북서쪽으로 서서히 이동 중이었고, Julia는 대서양 동쪽에서 빠르게 북서진하며 약해지는 중이었으며, Karl은 이제 막 허리케인으로 발달한 상태였다.

[출처: NOAA NESDIS: National Environmental Satellite, Data, and Information Services[29]]

한반도 연안의 바다 수온이 섭씨 3도 증가하여 대만과 비슷해진 상황에서 태풍 루사가 북상하는 경우에는 초속 70m의 강풍을 동반한 '슈퍼태풍'이 발생하는 결과를 가져온다고 하는데 이 경우 남해안 일대에 큰 해일과 강풍 및 호우로 도시들이 침수되는 엄청난 재난이 예상된다. 초속 56m가 넘는 태풍이 1970년대에는 연평균 11개 정도였다면 1990년 이후엔 18회로 증가했으며, 국가태풍센터의 분석결과에 따르면 재산 피해 규모가 큰 태풍 10개 중 5개는 모두 2000년 이후에 발생했다고 한다.

29   National Environmental Satellite, Data, and Information Services (NESDIS), NOAA
      http://www.nnvl.noaa.gov/MediaDetail.php?MediaID=526&MediaTypeID=1

사실 한반도뿐만 아니라 지구온난화로 인한 전 지구적인 바다의 수온 상승 문제는 북서태평양을 포함한 전 세계의 태풍 파괴력을 증가시키고 있다. 일반적으로 태풍은 위도가 북위 5~20도인 열대 바다에서 표층수온이 섭씨 26도 이상인 경우에 만들어진다. 열대 바다에서는 수분이 많이 증발하기 때문에 수증기가 많이 생겨 빗방울이나 비구름 형태로 존재하다가 액체상태로 변하는데, 이때 방출되는 열이 태풍의 에너지가 된다. 보통 고위도 지방으로 북상하면서 바닷물의 온도가 낮아져 에너지를 제대로 공급받지 못하기 때문에 많은 비를 내린 뒤 소멸하게 된다. 그런데 지구온난화로 바다의 수온이 오르게 되면 증발하는 수증기가 많아지기 때문에 북상하면서도 쉽게 소멸되지 않고 계속 발달하여 더 강해질 수 있다는 것이다. 따라서 바다의 수온이 상승하면서 더욱 많은 강력한 태풍이 발생할 수 있다. 태풍, 허리케인, 사이클론 등의 전 세계적인 발생지역을 9개로 세분할 수 있는데, 중심 기압과 태풍의 크기 등에서 역대 최강의 것들이 발생한 시기를 보면, 서태평양에서만 1979년(괌과 일본 남부를 강타한 태풍 '팁')에 발생했고, 나머지 8개 지역에서는 모두 1997년 이후에 발생한 것으로 나타나 전 세계적으로 점점 더 강한 태풍이 발생하고 있다는 주장을 뒷받침하고 있다. 대표적인 예로 2005년 미국 뉴올리언스를 강타한 허리케인 카트리나의 경우 상륙할 당시의 최대풍속이 초속 70m였다고 하는데, 이 정도의 풍속은 달리는 열차를 탈선시키고, 아파트 거실의 두꺼운 유리창도 깨뜨릴 수 있는 정도에 해당되는 것이라 한다. 지구온난화는 앞으로 이처럼 강력한 태풍 · 허리케인 · 사이클론을 더 자주 발생시킬 가능성이 있다는 또 하나의 문제가 제기된 것이다. 2011년 8월 이례적으로 미 북동부 지역을 휩쓸고 지나간 허리케인 아이린도 기후변화의 영향이라는 주장이 있는가 하면, 최근의 인공위성 영상에는 동시에 3개의 허리케인(Igor, Julia, Karl)이 나타나 화제가 되기도 했다(그림 22).

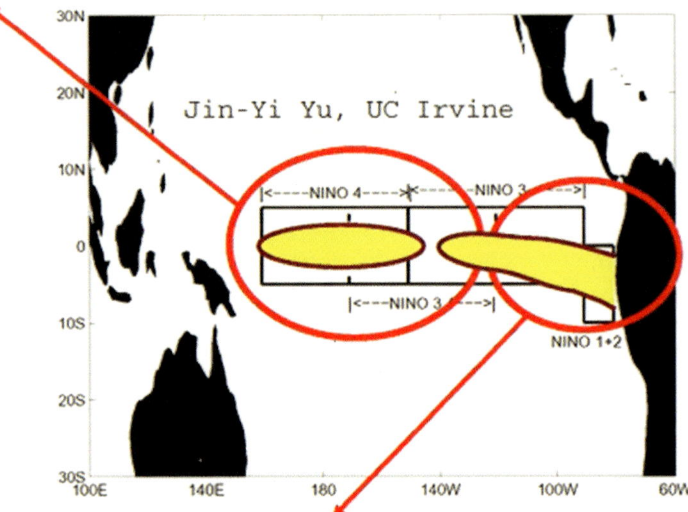

＼ 그림 23 두 종류의 엘니뇨-남방진동(ENSO, El Nino-Southern Oscillation).
전통적인 엘니뇨는 동태평양의 수온 상승이 두드러지는 반면 새로운
종류의 엘니뇨는 중앙부 적도태평양의 수온 상승이 더 두드러진다.
[출처: 캘리포니아 대학, 얼바인 캠퍼스의 Prof. Jin-Yi Yu(지구시스
템과학)의 웹페이지[30]]

과학자들은 태풍 · 허리케인 · 사이클론뿐만 아니라 엘니뇨와 같은 현상
들도 지구온난화로 변화하게 될 가능성을 제시하고 있다. 일반적으로는
엘니뇨가 발생하면 인도네시아, 필리핀, 오스트레일리아 북부 등에는 건
조한 공기로 인해 산불 빈도가 증가하고, 브라질 남부나 아르헨티나 북부
가 습해지며 남미의 페루나 에콰도르 등에는 대규모 홍수도 발생하게 되
는데, 최근에는 이러한 엘니뇨의 패턴에도 변화가 나타나고 있으며(그림
23), 앞으로는 지구온난화와 더불어 이 새로운 종류의 엘니뇨가 더 자주 발
생할 가능성이 제기되고 있다. 그러나 새로운 엘니뇨에 따른 영향을 아직

까지 확실하게 파악하고 있지 못하다는 점은 또 다른 불확실성 속의 지구환경 변화로 꼽을 수 있겠다. 이외에도 다양한, 심지어는 아직까지 예상조차 할 수 없는 지구환경 변화들이 큰 불확실성을 가지고 미래에 발생할 수 있기 때문에 지구촌 공동의 대책 마련에 지속적인 어려움이 예상된다.

환경난민

지구온난화와 해양산성화 그리고 슈퍼태풍이나 강력한 허리케인의 빈번한 등상이나 엘니뇨 패턴의 변화 등은 기후변화로 나타날 수 있는 수많은 지구환경 변화 중 단지 몇몇 예측할 수 있는 예들에 불과하다. 기후 자체의 변화로 나타날 지구환경 변화는 단순히 좀 더워지고 바람 좀 세게 부는 그런 것이 아니라, 생태계가 변화하고 숲이 사라지고 사막이 되는 큰 변화이며, 앞에서 살펴본 몇 가지 예들 외에도 심지어는 우리가 예측하지 못했던 변화들까지 나타나 우리의 생존을 위협할지도 모른다. 지구환경 변화의 이런 불확실성은 수많은 재앙으로 인한 환경난민 혹은 기후변화난민의 큰 증가 또한 예상케 하고 있다.

이미 우리 인류는 심각한 물, 자원, 식량 부족 문제에 직면해 있는데, 여기에 기후변화로 가뭄, 홍수, 폭염 등의 자연재해가 더 빈번해지고 그 피해 규모도 계속 커진다면 환경난민들이 큰 폭으로 늘어나게 될 것은 불 보듯 뻔한 일이다(그림 24). 구호단체들에 따르면 이미 정치·경제적인 난민보다 더 많은 2,500만 명 정도의 환경난민이 오늘날 존재하는데, 2050년까지 1억 5천만 명의 환경난민이 추가로 발생할 것이라고 한다. 현재는 대부분 아프리카의 사하라 남부에 살지만 차차 아시아와 개발도상국들을 포함한 모든 대륙, 모든 나라가 영향을 받게 될 것으로 전망된다. 경제학자 노먼 메이어(Norman Myers)에 따르면 기후변화로 인한 환경난민의 수가 향후 50

년 동안 2억 명까지 도달할 수 있으며, 심지어 기독교 구호단체들은 10억에 가까운 환경난민을 예상하고 있기도 한 상태이다. 또, IPCC 2007년 보고서에 따르면 2020년대에는 말라리아 등 열대성 전염병이 전 세계적으로 확산되고, 최대 17억 명이 물 부족으로 고통받을 것으로 예상된다. 또한 2080년이 되면 해수면 상승으로 인해 해안이 유실되고, 전 세계 인구의 20%가 홍수 위험이 놓이게 될 것으로 전망하고 있으며, 전 세계적으로 3천만에서부터 1억 2천만 명이 식량 부족 위협에 노출될 것으로 보고 있다. 이런 변화는 전쟁이나 지역적 분쟁을 초래할 가능성 또한 높이고 있다.

\ **그림 24** 물과 자원 및 식량 부족 문제에 직면한 오늘날 이미 많은 수의 환경난민 혹은 기후변화난민이 존재하며, 기후환경의 변화와 자연재해의 증가로 이들의 수가 급증할 것으로 예상된다.
[출처: Society for the Advancement of Animal Wellbeing(SAAW International)[31]]

UN 내 환경전담 국제정부간기구인 유엔환경계획(이하 UNEP; United Nations Environment Programme)에서는 그동안 세계적인 과학자, 환경전문가 및 주요 정치인들의 지지를 통해 지구환경전망보고서(Global Environmental Outlook; GEO)를 발간해 왔다. 1,400여 명의 과학자가 참가했던 제4차 보고서에서는 인류의 미래가 지구온난화와 생물의 멸종 및 인구 증가 등 해결되지 않은 환경문제들로 인해 지구가 큰 위험에 처하게 되었음을 경고한 바 있다. 2012년에 브라질에서 열리는 지속가능개발회의에 맞춰 발간 예정인 제5차 보고서(GEO-5)에는 국경을 초월한 많은 재앙들에 대해 지구촌 공동의 대책을 마련하는 것이 중요함을 제시할 예정이다(그림 25). 이 보고서에 따르면 지구온난화로 인한 이상기후와 생태계 변화는 지난 30년간 3백만 명의 인명피해를 초래했으며, 물 부족은 세계인구의 20%가 자체 식수원을 확보하지 못할 정도로

---

31   http://www.saawinternational.org/environmentalrefugees.htm

심각하고, 목욕이나 청소 등의 위생용 물 부족은 12억 인구의 건강을 위협하는 중이다. 농업용수 부족에 따른 사막화와 이로 인한 식량 감산도 더 가속화될 전망이다. 이처럼 지구온난화와 물 부족은 우리 인류가 현재 직면한 최우선 2대 과제이며, 특히 환경오염이 가장 심각한 아시아와 아프리카에서 그 문제가 더욱 커질 가능성이 큰 상태이다. 큰 폭의 환경난민 증가와 심각한 물·식량·자원 부족 문제에 직면한 각국 정부가 정책적으로 대처방안을 마련하는 것이 중요함은 이제 두말할 필요가 없을 정도로 중요해지고 있다.

그림 25 지난 1992년 브라질 리오(Rio)에서 열린 뒤 20년 만인 2012년에 다시 리오에서 열릴 예정인 유엔환경계획의 제5차 지속가능개발회의에서는 변화하는 환경을 지속적으로 파악함이 중요함을 제시할 것으로 알려졌다. 리오에서 다시 리오로의 지난 20년간 나타난 주요 환경변화들

[출처: UNEP GEO-5 Product[32]]

푸른 행성 지구

바다는 지구의 70%? 97%? 아니 99%!

바닷물의 순환과 기후조절자

생물다양성과 자원의 보고

무한 청정 에너지원

Part 3. 푸른 행성 지구

위기에 처한 지구, 그리고 지구환경 변화의 불확실성 속에 살고 있는 우리에게 과연 현실적인 희망이 있다면 그것은 무엇일까? 과연 우리는 새로운 돌파구를 어디에서부터 찾아야 하는 것일까?

바다를 보자. 그리고 바다로 나아가자. 그동안 우리는 너무나도 쉽게 바다가 가진 무한한 잠재력을 간과해 왔다. 그동안 바다를 잘 활용하지 못했던 것은 바다가 가진 가치가 낮아서가 아니다. 바다에서 벌어지는 수많은 일들을 우리가 잘 이해하지 못해서 단지 아직 시도해 보지 못한 것들이 많았을 뿐이다.

18세기 영국의 유명한 시인, 윌리엄 쿠퍼(William Cowper, 1731~1800)는 "존재를 증명하지 못했다고 해서 이것이 존재하지 않음을 증명하는 것은 아니다(The absence of proof is not proof of absence)."라고 했다. 아직 시도해 보지 않았다고 해서 시도할 가치가 없을 것이라고 오판해서는 안 될 것이다.

여기서는 바다가 가진 무한 가치와 잠재력을 살펴보고, 현재 우리가 직면하고 있는 기후변화, 환경, 자원의 문제들을 풀어내는 열쇠를 바다에서부터 찾을 수 있는 가능성을 알아보기로 한다.

바다는 지구의 70%? 97%? 아니 99%!

우리는 바다에 대해 과연 얼마나 알고 있는 걸까? 막연히 고등어, 갈치나 미역을 공급하는 먼 시골쯤으로 알고 있는 것은 아닐까? 아니면 뜨거운 태양 아래 해변에서 보게 되는 파도나 해 지는 저녁노을 아래의 갯벌 정도로 여기는 것은 아닐까? 저 멀리 태평양 한가운데의 수십, 수백, 수천 미터 속 깊은 바다에서는 과연 어떤 일이 일어나고 있을까?

사실 여전히 우리 인류는 바다에서 일어나는 일들에 대해 그리 많이 알고 있는 편이 아니다. 그나마 알려진 과학적 발견들도 급격한 기술 발전에 힘입어 비교적 최근에서야 새롭게 밝혀진 것들이다. 그동안 우리 인류에게 우주보다도 더 접근하기 어려웠던 곳이 바로 깊고 깊은 바닷속이었기 때문이다. 심지어 수만 광년 떨어진 어떤 은하계에서 일어난 사건보다도 불과 수십, 수백 미터 떨어진 바다에서 일어나는 일들을 더 모르고 있는 것이 현실이다.

그런데 이렇게 '과소평가'되고 있는 바다가 사실은 지구를 구성하고 있는 매우 중요한 요소이며, 나아가 지구가 거의 대부분 바다로 되어 있다는 점은 참으로 놀라운 일이 아닐 수 없다. 구글 어스(Google Earth)에서 지구를 보면 바다가 차지하는 면적이 매우 넓다는 것을 새삼 느낄 수 있다(그림 26). 실제 우주에서 지구를 촬영한 이미지들에서도 하얗게 살짝 덮여 있는 구름만 벗기고 나면 우리가 살고 있는 지구는 대부분 푸른색의 바다로 이루어진 '푸른 행성'임을 깨닫게 된다. 지구 표면의 70% 이상이 바다로 되어 있으니 어쩌면 당연한 것인지도 모른다. 지구상의 모든 대륙 육지를 다 합쳐도 태평양 하나를 덮지 못할 정도이다. 그런데 2차원적인 면적의 개념이 아니라 3차원적인 부피로 생각하면 더더욱 바다가 지구에서 차지하는 중요성이 크다는 점을 알게 된다. 바다의 깊이가 수 미터나 수십 미터 정도가 아니라 수백, 수천 아니 심지어 만 미터가 넘는 곳도 많으며, 전 세계 바다의 약 절반 정도는 수심이 3천 미터 이상에 달하는 깊은 바다로 되어 있기 때문이다.

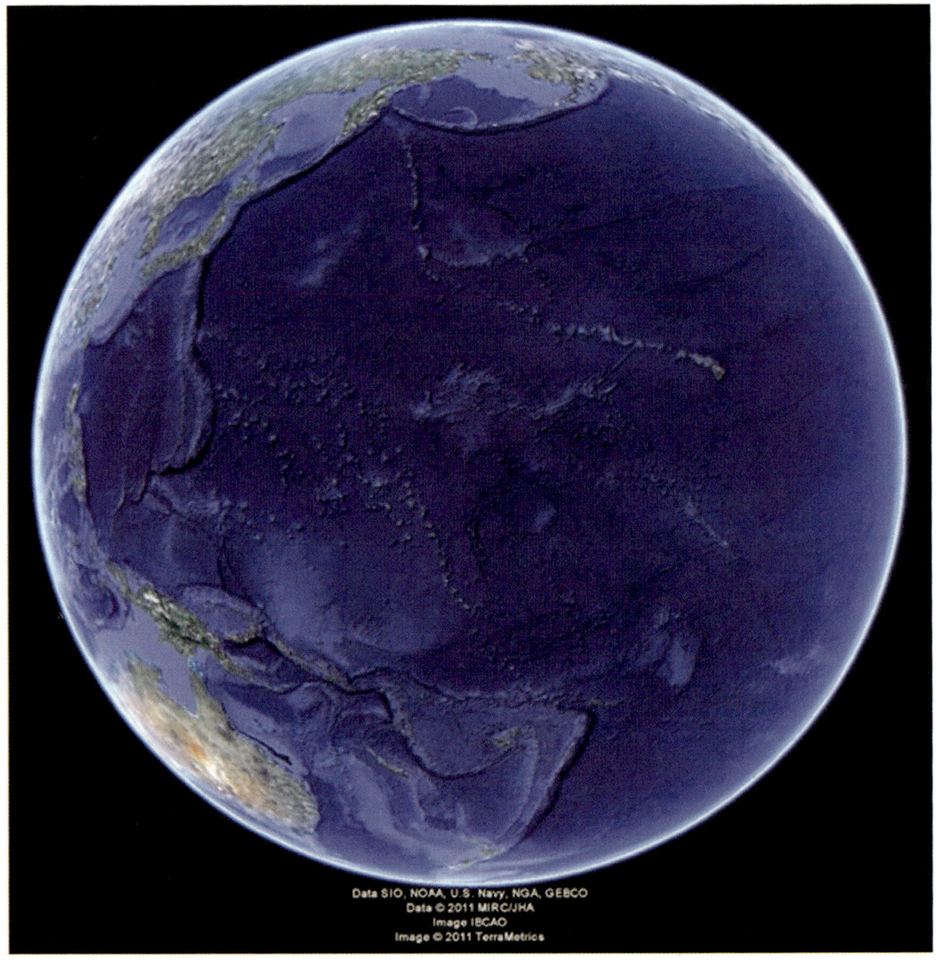

＼ **그림 26** 구글 어스(Google Earth)를 통해 바라본 태평양 편의 지구 모습(15,000km 상공). 한반도와 일본 열도는 좌측 상단, 호주는 좌측 하단에 위치하며, 우측 중앙부에 하와이, 우측 상단 경계부에 알래스카와 북미 대륙이 위치한다.

따라서 이 거대한 공간에 가득 채워진 바닷물은 그 규모가 가히 엄청날 수밖에 없다. 지구상에 존재하는 물의 97%는 모두 바다에 있고, 단지 2%만 만년설과 빙하 형태로 존재할 뿐이다. 비나 눈 그리고 구름의 형태로 존재하는 물은 0.3%도 채 되지 못하며, 육지에 있는 강과 호수 등의 물은 겨우 0.02%에 불과하다. 또, 생명체가 존재하는 지구상의 99%의 공간이 모두 바다에 해당되며, 때문에 그 안에 살고 있는 매우 작은 식물성 플랑크톤(phytoplankton)만 하더라도 그 역할을 절대 무시할 수가 없다. 바닷속의 식물성 플랑크톤들이 광합성을 통해 만들어 내는 산소량이 지구상의 모든 육지에 존재하는 산림과 식물이 만드는 산소량을 다 합친 것보다도 많은 양이라고 한다(그림 27). 즉, 다시 말하면 우리가 숨을 쉬기 위해 필요한 산소의 절반 이상이 사실은 바다로부터 오고 있는 셈이다. 바다는 상당량의 대기 중 이산화탄소를 흡수하고, 해류를 통해 열을 교환시켜 기후변화를 조절할 뿐만 아니라 우리가 섭취하고 있는 단백질의 16%를 공급해 오고 있으며, 전 세계 무역의 90% 이상을 가능케 하고 있다. 과연 바다를 빼고는 지구에서의 생존을 상상할 수조차 없는 것이며, 따라서 지구를 '푸른 행성' 아니면 아예 '바다의 행성'이라고까지 불러야 할 정도인 것이다. 실제로 고은 시인은 "사실 지구(地球)라는 이름은 오류이며, 수구(水球) 또는 해구(海球)여야 하고 지구상의 6대주라는 육지는 5대양이라는 커다란 바다에 떠 있는 섬에 불과하다."고까지 할 정도였다.

그러면 이처럼 광활하고 거대한 바닷속 공간에서는 과연 어떤 일이 벌어지고 있는 것일까? 우리가 쉽게 인지하고 있지는 못하지만 바닷속 곳곳에

---

33   http://svs.gsfc.nasa.gov/vis/a000000/a003500/a003599/index.html

서는 많은 사건들이 과거에도 일어났고, 현재도 일어나고 있으며, 또 앞으로도 일어날 것으로 보인다. 그리고 바닷속에서 벌어지는 이런 다양한 현상들을 이해하는 것은 지구환경의 변화를 예측하고 바다를 활용하기 위한 가장 첫걸음에 해당된다고 할 수 있다. 그럼에도 불구하고 아직까지도 우리는 바닷속의 수많은 자연 현상들에 대해 비교적 잘 이해하고 있는 편이 아니다. 바닷속은 고작 수십 미터만 들어가도 빛이 잘 투과하지 못하여 보이지도 않고, 수백, 수천 미터 속 심해로의 접근 자체가 어떤 면에서는 우주 공간으로의 접근보다도 훨씬 더 어렵기 때문이다. 그나마 최근 들어 무인 관측 기술 등의 발전에 힘입어 과학자들이 바다에서 일어나는 자연 현상 과정(process)들을 좀 더 많이 알아내면서(그림 28) 바다를 보다 잘 활용할 수 있는 새로운 가능성들이 생겨나고 있다.

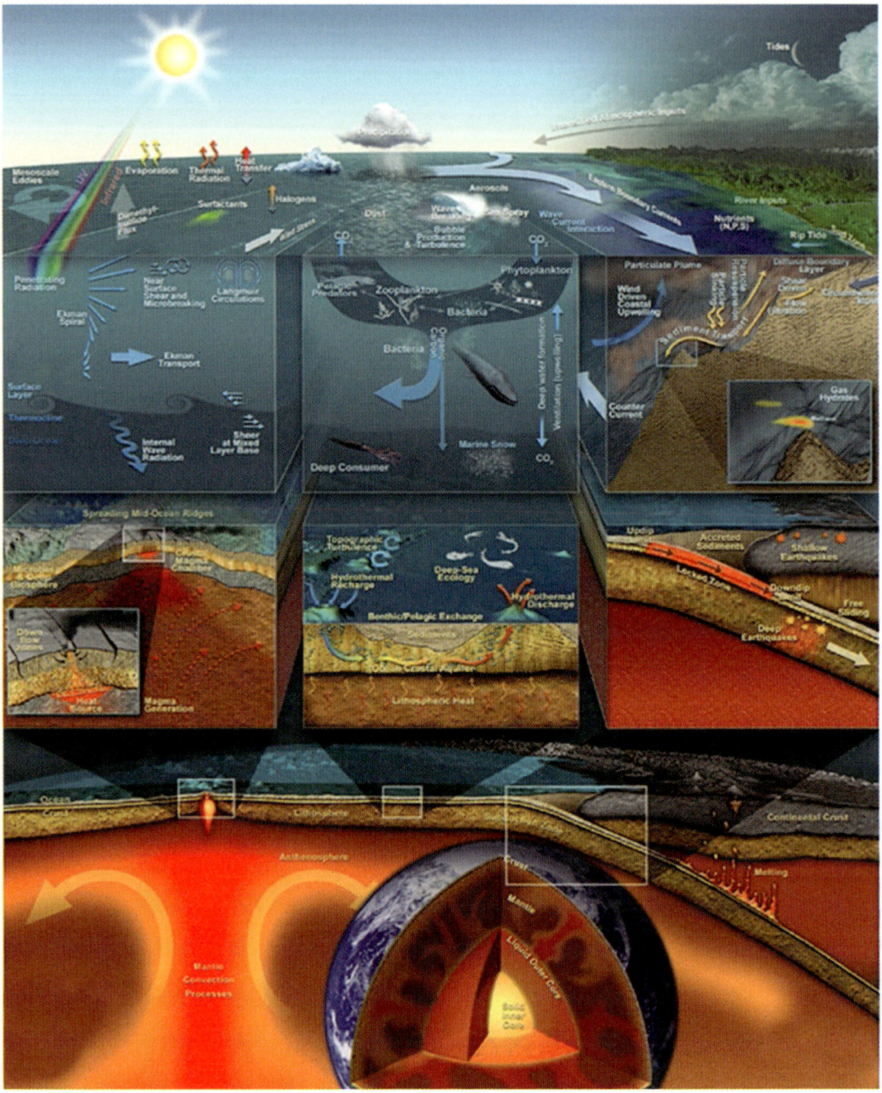

╲ 그림 **28** 바다에 존재하는 자연현상 과정(process)들을 모식적으로 나타낸 그림

[출처: Ocean Observatories Initiative 프로그램 소개 페이지, 워싱턴대학교 해양학과 Prof. John R. Delaney[34]]

바닷물의 순환과 기후조절자

바다는 전체가 동일한 한 가지 종류의 바닷물로만 구성되어 있는 것이 아니고, 또한 호수와 같이 고요한 곳도 아니다. 바닷물은 끊임없이 움직이고 있으며, 따뜻한 물과 찬물이 섞이기도 하고 전혀 다른 특성을 가지는 한 곳의 물이 해류를 타고 수천, 수만 킬로미터나 떨어진 지구상의 다른 곳으로 보내지기도 한다. 특히, 수온·염분·압력에 따라 결정되는 밀도의 공간적인 차이로 인하여 거대한 해류의 순환을 만들어 내는데, 이것을 열염순환(Thermocline circulation)이라 한다(그림 29). 북대서양의 북쪽 그린란드 해역에서는 표층에 매우 차갑고 무거운 바닷물이 존재하며, 이것이 깊은 바닷속으로 가라앉으면서 심층수를 생성하게 되는데, 이렇게 만들어진 심층수는 대서양 내에서 심층해류를 타고 계속 남하하여 적도를 지나 남극대륙 부근까지 이르게 된다. 남극대륙 부근에도 표층에 차디찬 바닷물이 있는데, 이것이 가라앉으며 추가로 심층수를 생성하고 그린란드로부터 온 바닷물과 함께 인도양과 태평양으로 건너가게 된다. 인도양과 태평양에서는 심층수가 표층으로 올라오게 되고 표층에서는 해류를 타고 남아프리카를 우회하여 다시 대서양으로 흘러 들어가게 되는데, 대서양 표층에서는 심층과 달리 북진하여 다시 그린란드 부근으로 향하게 된다. 그린란드 부근에 이르면 차가워진 바닷물이 또다시 가라앉으며 심층수를 생성하는 과정을 반복하며 열염순환을 완성한다.

이처럼 바닷물은 끊임없이 순환하면서 해류를 통해 열을 교환시켜 주는 역할을 하는데, 이것은 지구 전체의 기후를 조절하는 데 매우 주요한 역할을 한다. 바닷물은 적도와 극지방을 오가며 난류와 한류를 통해, 그리고 표면 수온의 변화를 통해 바다와 대기의 열교환을 만들어 낸다. 특히 대기

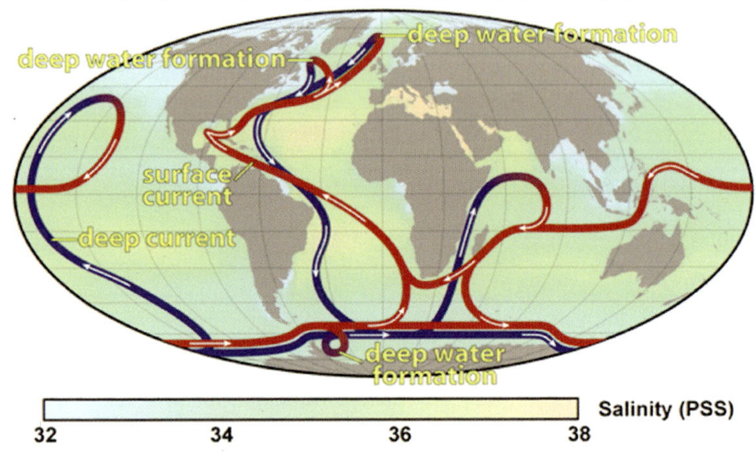

그림 29 바닷물의 열염순환. 붉은색은 표층수의 순환을, 파란색은 심층수의 순환을 나타낸다. 그린란드 부근에서 생성된 심층수는 대서양 내에서 계속 남하하여 남극대륙 부근에서 추가로 생성되는 심층수와 함께 인도양과 태평양으로 건너가 표층으로 올라온 뒤 다시 대서양으로 흘러들어가 그린란드 부근으로 향한다.
[출처: 위키피디아－열염순환(Thermohaline circulation)[35]]

중의 공기에 비해 밀도가 천 배나 더 큰 바닷물은 엄청난 열저장 능력이 있는데, 이것은 작은 냄비에 담긴 물의 수온을 올리기 위해서도 한참을 불로 데워야 하고 작은 컵의 뜨거운 물이 식는 데에도 오랜 시간이 걸리는 것을 생각할 때 쉽게 이해할 수 있는 현상이다. 더구나 지구상 물의 97%가 모두 바다에 있을 정도로 가공할 규모의 부피를 차지하고 있는 물이 곳곳에서 데워지거나 식거나 하면서 끊임없이 순환하고 있으니, 과연 바다가 지구의 기후조절자라 불리는 것이 전혀 이상하지 않은 것이다. 지구온난화로 바닷물의 열염순환이 변화하고 이로 인해 전 지구적 빙하기를 초래할 수도 있다는 영화 <투모로우>의 시나리오는 전혀 근거 없는 주장만은 아니다. 바다를 이해하지 못한 상태로는 기후변화 문제를 풀어내는 힌 트조차 찾을 수 없다는 점을 이미 많은 과학자들이 경고해 왔다.

생물다양성과 자원의 보고

지구상의 거대한 공간을 차지하는 바다를 채우고 있는 바닷물. 그런데 이 엄청난 양의 바닷물에도 불구하고, 인류가 심각한 물 부족에 시달리고 있 다는 사실은 참으로 아이러니한 일이 아닐 수 없다. 만약에 이 바닷물을 우리가 잘 활용할 수만 있다면 물 부족 문제의 해결에 큰 도움을 줄 것이 분명하다. 실제로 이런 기술이 개발 중이며, 이미 거의 상용화 단계까지 와 있다고 한다. 바닷물을 소금기가 없는, 즉 마실수 있는 담수로 바꾸는 '해수담수화' 기술과 같은 것이다. 또, 최근에는 바닷물을 담수로 바꿀 뿐 만 아니라 깊은 곳에 미네랄이 풍부한 바닷물을 퍼 올려 가공하는 기술('해 양심층수' 기술)이나, 아예 바닷물을 이용하여 사막을 녹지로 바꿔 버리는 기 술('해수 온실' 기술)까지 생겨나고 있다. 바다가 가진 '물'이라는 자원 하나만 활용해도 이처럼 우리의 생존을 위협하는 중요한 문제들을 단번에 풀어 낼 수 있는 희망이 보이게 되는 것이다. 특히 유엔은 물 사용량이 인구 증 가 속도보다 1.5배 빨리 증가하여 이대로라면 전 세계 인구의 약 30%에 해당하는 30억 명이 물부족으로 고통받게 될 것으로 전망하고 있는데, 만 일 바닷물을 잘 활용하게 되면 이를 해결할 수도 있게 된다는 것이다. 여 기서 더더욱 희망적인 사실은 바다가 단순히 물로만 채워져 있는 것은 아 니라는 점이다.

바닷속에는 무척이나 다양한 생물종들이 살고 있다(그림 30). 플랑크톤에 서 시작해서 고래에 이르기까지 그 종이 너무 다양해서 육상생물들과는 달리 다 파악조차도 어렵다고 한다. 그래서 과학자들은 2000년에 '해양생물 센서스'를 창립하여 해양생물의 다양성, 분포 및 풍부함을 평가하고 설명하는 전 세계적인 조사 계획을 세웠다. 과거 바닷속에 무엇이 살았나? 현재는 무엇이 살고 있는가? 그리고 미래에는 무엇이 살게 될 것인가? 이러한 질문들에 대한 답을 찾기 위해 과거 기록들을 탐구하고, 540개 이상의 탐험대를 출범시키고, 다른 기구 및 프로그램과 협력하여 80여 국가 2,700명의 과학자들이 함께 노력하는 가운데, 예기치 않은 생물종의 집합을 많이 발견했다고 한다. 잠재적으로는 6천여 종의 새로운 생물종이 발견되었고, 알려진 해양생물종만 해도 2010년 9월에 이미 19만 종을 넘었고, 추정치는 약 25만 종이나 된다고 했다. 이 중 무게상으로는 최고 90%까지가 해양미생물군에 속하는데, 이 해양미생물의 무게는 살아 있는 사람 한 사람당 약 35마리의 코끼리에 해당된다고 하니 과연 우리는 바닷속 미생물 자원만 해도 엄청난 양을 가진 것이다. 유엔은 2010년을 '국제 생물다양성의 해(The International Year of Biodiversity)'로 지정했는데, 전 세계 생물종의 80~90%를 차지하는 바닷속 생물들이 주목받고 있는 것은 당연한 일인 것이다. 비록 최근 급격히 파괴되고 있는 생태계와 함께 해양생물종의 감소도 크게 우려되고 있는 것이 사실이지만, 여전히 무한에 가까운 양과 가치를 지닌 해양생물들을 잘 활용하게 되면 우리 인류의 생존에 큰 도움을 줄 수 있을 것으로 기대된다. 획기적인 차세대 신물질 개발을 위한 가치로만 따져도 그 가치가 약 26조 달러에 이르는 것으로 조사되고 있어, 바닷속의 채우고 있는 다양한 생물자원도 조만간 본격적으로 활용하기 시작할 것으로 보인다.

그림 30 바닷속에 존재하는 다양한 해양생물. 전 세계 생물종의 80~90%를 해양생물종이 차지하고 있다.

[출처: MarineBio[36]]

자원의 보고로 알려져 있는 바다에는 그 속에 녹아 있는 용존자원이나 심해저의 광물자원 등 그 개발 가능성이 무궁무진한 자원들이 넘쳐나며, 고갈되어 가는 육상자원의 문제에 직면한 우리에게 큰 희망을 준다. 특히 탐사 기술이 발전하면서 심해나 극지와 같은 극한 환경에서 필요한 해양자원들을 더 효율적이고, 더 본격적으로 추출할 수 있게 되면서 향후 자원 고갈 문제의 많은 부분을 해결할 것으로 기대되고 있다. 한 예로 심해 무인 잠수정을 이용하면 수백, 수천 미터 깊이의 바닷속에서 망간단괴나 메탄 하이드레이트와 같은 자원을 추출할 수 있고, 쇄빙선을 통해 극지 개발도 가능하게 되었다. 특히 망간단괴나 메탄 하이드레이트와 같은 심해저 광물 자원들은 금, 은, 납, 철, 코발트, 니켈, 아연과 같은 것들을 많이 함유하고 있어서 경제적인 가치가 매우 높다고 한다. 고압－저온의 바닷속에 저장되어 있는 메탄 하이드레이트 매장량은 육지에 묻혀 있는 기존 천연가스 매장량의 100배인 10조 톤으로 추산되고 있다. 한국도 남태평양 통가(Tonga)의 배타적 경제수역(EEZ)에 독점탐사권을 확보하여 약 제주도 10배 크기의 해저열수광상을 탐사하기 시작했는데(그림 31), 통가 EEZ의 한국 광구 지역에만 약 900만 톤 이상의 열수광상이 부존하는 것으로 예측하고 있으며, 개발 시 30억 달러 정도의 수입대체 효과가 발생하는 것으로 분석되고 있다. 더욱 최근에는 한국해양연구원에서 남태평양 피지공화국(Fiji)으로부터 피지 배타적 경제수역(EEZ) 내에 여의도 면적의 약 350배에 달하는 규모의 해저열수광상 독점 탐사광구를 확보하기도 했다.

36   "Marine Biodiversity - MarineBio.org".MarineBio.org. 12 December 2011 Last updated: 8/28/2011 6:15:35 PM. http://marinebio.org/oceans/conservation/biodiversity.asp

╲ **그림 31** 한국해양연구원(KORDI) 극지연구소(KOPRI)의 쇄빙연구선 '아라온호'에서 내린 심해 원격제어 무인잠수정(ROV)에서 촬영한 남태평양 통가 해역의 수심 1천 미터 바닷속 '심해저 열수광상' 고화질(HD) 영상. 한국해양연구원 해양시스템연구부 이판묵 박사팀이 개발한 '해미래'가 사용되었다.

[출처: 2011년 5월 13일자 동아일보 기사]

앞으로 20년간 연간 30만 톤을 개발할 경우 약 65억 달러의 수입대체효과가 예상된다고 한다.[37] 또 휴대폰, 노트북 등 이동용 전자기기와 전기자동차의 배터리 동력으로 사용되는 등 수요가 향후 급증할 것으로 보이는 리튬 등의 전략 금속을 추출하는 기술 개발도 추진 중에 있다고 한다.

무한 청정 에너지원

바다는 화석연료에 의존하지 않고 에너지 생산을 획기적으로 바꿀 수 있는 청정의 에너지원으로서도 크게 주목받고 있다. 바다의 역동성, 엄청난 열 저장능력, 무궁무진한 생명체들을 이용하면 청정의 에너지를 거의 무한에 가깝게 생산해 낼 수 있는 수많은 방법들이 이미 존재하며 현재도 계속해서 새로운 방법들이 더 개발되고 있다.

우선 조력·조류·파력 등 바닷물의 흐름과 파도를 이용해 전력을 생산하는 방식의 해양에너지가 있다. 조석간만의 차이에서 발생하는 바닷물의 수위 차이를 이용하는 조력발전, 자연적인 조류의 흐름을 이용하여 수차발전기를 가동시키는 조류발전, 그리고 입사하는 파랑에너지를 터빈과 같은 원동기의 구동력으로 변환해 발전하는 파력발전이 이에 해당한다. 조석을 이용한 방식은 조석간만의 차가 심한 곳에 커다란 댐을 만들어 전기를 생산하는 조력발전 방식을 이용했었으나 최근에는 좀 더 환경 친화적이고 규모가 작은 바닷속 기둥의 날개를 돌려 발전하는 조류발전 방식으로 개발되고 있다. 조석간만의 차가 심한 영국 해역에서는 조력발전의 전력 잠재량을 영국 전체 전기 수요의 20% 정도로 추정하고 있다고 한

---

37   2011년 11월 10일자 대덕넷 기사, "여의도 350배 해양광물영토 확보…… 65억 달러 가치 노다지".

다. 한국에서도 경기도 안산의 시화방조제에 세계 최대 규모인 254MW 급 조력발전소를 개발 중에 있다. 연간 발전량이 5억 5천만GWh에 달해 약 11만 가구가 1년 동안 사용할 수 있는 전력량을 생산할 수 있다고 한다. 특히 현재 60% 수차가 가동 중인데, 준공 후 만약 모든 발전기가 가동되면 연간 80만 배럴 이상의 석유를 대체할 것으로 전망된다. 또, 아직 전 세계적으로 본격적으로 상용화되진 않았지만, 미 국립과학재단(National Science Foundation)의 후원으로 오리건주립대학교에서 파랑으로부터 전력을 생산하는 부이들을 바다에 설치하는 Wave Park(그림 32) 연구를 시도하는 등 파력발전을 통한 해양에너지 확보 움직임도 활발하다. 한국도 제주도 용수리 전면 해상에 500kW급 '방파제 연계형 파력발전소'를 건설 중이라고 한다. 파력발전은 아직까지 발전용량이 1MW에도 미치지 못하지만 전 세계

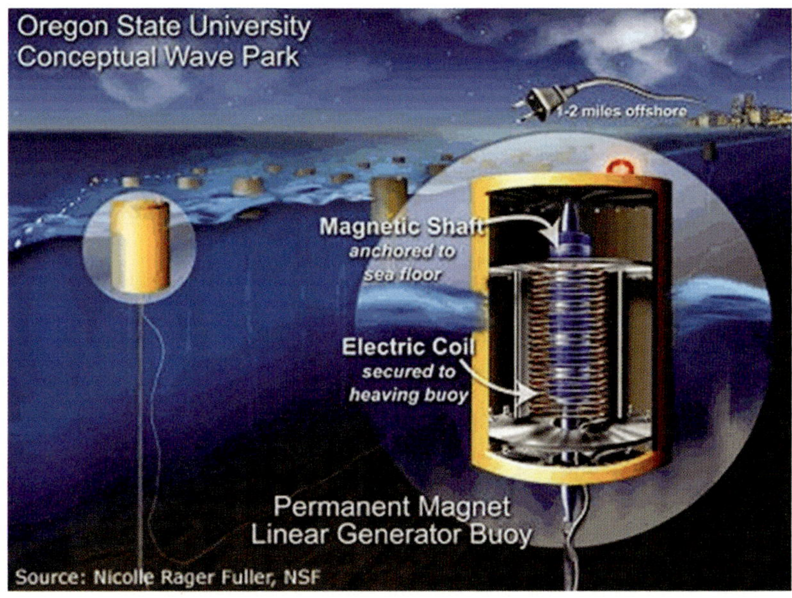

﹨ **그림 32** 미 국립과학재단(National Science Foundation)의 오리건주립대학교(Oregon State University) Wave Park 개념도

[출처: OSU 공과대학의 news 기사[38]]

해안에 들이치는 파도의 총 에너지가 무려 200만~300만MW에 달하는 것
으로 추정되고 있어서 향후 기술 개발에 따라 엄청난 규모의 발전이 가능
할 수도 있을 것으로 기대된다.

다음 장에서 자세히 소개할 해상풍력의 경우는 바로 머지않은 장래에 해
양산업의 블루오션이 될 것이라고 할 정도로, 이미 실용적인 전력 공급원
으로 자리 잡아 가고 있는 중이다. 육상의 풍력발전에 비해 비용이 많이
드는 단점에도 불구하고, 풍속이 높으며 장소 제약이나 민원 문제도 없다
는 점에서 대형화와 설치기술 발전이 급격히 이루어져 유럽에서는 2020
년까지 581TWh(=581,000GWh) 또는 유럽연합 전체 전력 수요의 15.7%를
해상풍력으로부터 공급할 것으로 전망되고 있다. 한국도 최근 해상풍력
산업에 본격적으로 뛰어들기 시작했는데, 특히 제주 서부 지역의 해안에
서 2km 떨어진 해상에는 세계 최초로 수중가두리 양식과 관광을 결합한
150MW급 '복합형 해상풍력발전' 사업을 진행 중이며, 향후 서해안과 남
해안 일대에 2.5GW급 대규모 해상풍력발전단지를 건설할 계획이라고
한다.

이외에도 바다의 표층과 심층 사이의 큰 온도차를 이용하는 '해양온도차
발전'이 있으며, 심해열수구의 고온에서 서식하는 미생물을 이용한 '바이
오수소'나 미세조류를 이용한 '바이오디젤' 등을 생산하는 '해양바이오에
너지'가 있다. 해양온도차 발전의 경우에는 표층과 심층의 수온 차이가 큰
열대 해역에서 그 활용 가능성이 높으며, 이미 미국은 하와이에 50kW급
상용 해양온도차 발전을 가동 중이고, 100GW급의 대규모 발전소도 추가

로 건설 중이다. 일본과 프랑스, 네덜란드, 영국 등 선진국들도 도처의 열대 해역에 해양온도차 발전소 건설을 진행 중에 있다. 또, 클로렐라, 스피룰리나 등 미세조류를 이용한 '바이오디젤'은 석유와 유사하면서 상업적인 대량생산도 가능하고 동시에 온실가스 배출을 줄이는 대체에너지로 각광받으며 본격적인 상용화 단계로 치닫고 있다. 전문가들은 특히 풍부한 해양 자원에 뿌리를 두고 있는 '바이오 에탄올' 상용화에 성공한다면 비산유국인 한국과 같은 나라의 에너지 주권을 앞당기는 데에도 크게 이바지할 수 있을 것으로 보고 있다.

이외에도 바다로부터 에너지를 추출하는 방법들은 다양하며 또 계속해서 새로운 방법들이 개발되고 있는 중이기 때문에, 향후 청정의 에너지를 거의 무한에 가깝게 공급한다는 측면에서 생각해 볼 때도 바다가 가진 가치와 잠재력은 절대로 '과소평가'될 수가 없는 것임이 분명해 보인다.

Part 4
희망을
찾아서

무인 해양관측망과 감시 및 대응
해양과학기술의 활용과 미래 해양산업
해양강국으로

Part 4. 희망을 찾아서

앞 장에서 우리가 살고 있는 푸른 행성 지구의 위기를 해결할 수 있는 무한한 가능성이 바다에 있음을 살펴보았다. 많은 미래학자들이 21세기를 '해양의 시대'라고 예견하는 것도 이와 무관하지 않다. 바다를 알고 잘 활용하는 것이 우리 인류의 '생존'을 위해서 중요할 뿐만 아니라 바다를 얼마나 더 잘 알고, 더 잘 이해하고, 더 잘 활용하는가 하는 정도가 국가 성장에도 영향을 미치고 있다. 이러한 사실을 인식한 세계 각국은 해양강국으로 도약하기 위해 벌써 치열하게 경쟁하고 있는 중이다. 예로부터 바다로 나간 민족이나 국가가 세계 패권을 쥐어 왔음은 역사를 통해서도 잘 알려진 사실이다. 대영제국과 미국, 일본에 이어 최근에는 명나라 이후 500년 만에 잠에서 깬 중국도 급성장하는 경제력을 바탕으로 해양강국을 표방하고 나섰다. 그럼 대한민국은?

일제에 나라를 빼앗길 위기에 처했던 구한 말 육당 최남선 선생은 "우리 근세사에 가장 비통한 일은 바다를 잊어버린 것"이라고 지적한 바 있다. 세기적 전환기에 바다를 등짐으로써 우리 민족의 웅대한 기상이 사라졌음은 매우 안타까운 일이었음에 틀림없다. 21세기에 접어든 오늘날까지도 여전히 국민들의 바다에 대한 인식은 다소 부족해 보이는 것이 사실이다. 이것은 아마도 미지의 세계, 개척되지 않은 영역에 대한 막연한 두려움과 최근의 기술 진보에 따라 밝혀진 바닷속 세상에 대한 관심 부족 때문이라 생각된다. 하지만 고무적인 것은 정부 차원에서 '세계해양포럼'과

'여수 엑스포 – 살아 있는 바다, 숨 쉬는 연안'[39] 등의 행사들과 더불어 해양 과학기술을 국부 창출을 위한 미래신성장 동력의 하나로 두고 '2020년 세계 5대 해양강국'을 목표로 도약에 박차를 가하기 시작했다는 점이다.

아직 늦은 것이 아니다. 우리 앞에는 아직 개발되지 않은 엄청난 규모의 바닷물이 있다. 해양생물과 자원·에너지 등이 무궁무진하고 기후변화 문제를 푸는 열쇠를 가진 바다에 대한 인식을 제고하고, 바다를 적극적으로 활용하는 해양과학기술에 대해 새로운 패러다임으로 접근해 간다면 대한민국과 나아가 우리가 살고 있는 푸른 행성의 미래를 크게 낙관할 수 있게 될 것이다.

여기서는 바다에서부터 우리 인류의 꿈을 실현해 나가며, 우리의 내일을 희망으로 열어 가고 있는 첨단 해양과학기술 동향을 알아보고, 해양강국 으로 도약하는 대한민국의 현주소에 대해 생각해 보기로 한다.

Part 4. 희망을 찾아서

무인 해양관측망과 감시 및 대응

그동안 바다가 우주보다도 더 이해하기 어려웠던 이유 중 하나로 그 접근상의 어려움을 꼽을 수 있다. 바닷속은 조금만 깊은 수심으로 들어가도 빛이 거의 없는 암흑의 공간으로 되어 있기 때문에 바닷속에서 일어나는 일들을 관측하기 위해서는 다양한 종류의 센서(sensor) 개발을 필요로 한다. 보이지도 않고 그 속에서 벌어지는 현상들을 감지하지 못하면 이해할 수 없는 상태로는 바다를 잘 활용할 수 없음이 당연하기 때문이다. 공기 중에서보다 수중에서 음파가 잘 전파되는 특성을 이용하여 소리로 바닷속을 탐지하는 소나(SONAR)와 같은 수중음향센서들을 개발한다거나, 수온·염분·유속·용존산소와 같은 환경변수들을 측정하는 센서들을 지속적으로 개발하고 있다. 이러한 해양관측 센서 기술은 기계, 전자기, 통신, 소재, 광학, 음향학, 원격탐사 등 여러 과학기술 분야의 획기적인 진보에 힘입어 최근 급속히 발전할 수 있었고, 이제 이러한 센서들을 탑재한 다양한 무인 해양관측 장비들을 통해 바닷속 곳곳을 더 잘 관측·감시할 수 있게 되었다.

여러 최신 센서들을 탑재한 인공위성들이 계속해서 발사되어 미션을 수행함에 따라 전 세계 바다 표면의 여러 환경 특성들(해표면 수온, 해상풍, 해표면 고도, 해색, 해표면 기초생산력 등)은 이제 거의 실시간으로 관측·감시하고 있는 중이다. 그러나 인공위성의 탑재 센서만으로는 바닷속 깊은 곳에서 벌어지는 일들을 잘 알기가 어렵다. 이를 위해서는 센서를 장착한 장비들을 수중으로 그리고 심해까지 보내는 것이 필요하다. 전통적으로는 배를 타고 직접 바다에 나가서 관측장비를 깊은 바닷속까지 내려 보내는 관측을 해 왔으나, 최근에는 여러 무인 해양관측 장비들이 개발되면서 배를 타고 바다에 나가지 않고도 세계 도처의 바닷속으로부터 각종 센서에서 수집되는 자료들을 실시간으로 전송받으며 감시하는 일이 가능해졌다.

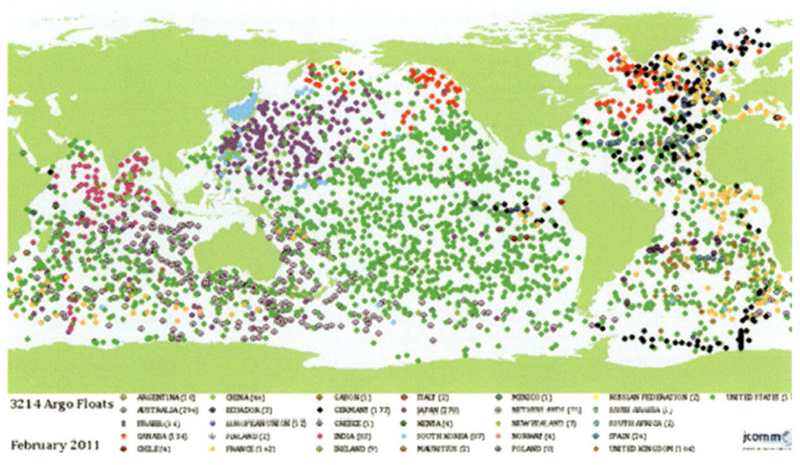

\ **그림 33** ARGO 뜰개 해양관측 네트워크 지도: 2011년 2월 현재

[출처: 위키피디아-ARGO(Oceanography)[40]]

이러한 무인 관측장비들은 측정방식에 따라 크게 두 종류로 나뉜다. 하나는 바다에 띄워 둔 장비들이 스스로 표류하거나 또는 정해진 경로를 따라 이동하면서 자동으로 그 위치 정보와 함께 관측자료를 수집하여 인공위성을 통해 보내 주는 방식이다. 표층에서 해류를 따라 이동하면서 자료를 수집하는 표층뜰개(drifter)와 표층과 심층을 오가며 자료를 수집, 전송하는 연직관측용 뜰개(profiling float) 및 정해진 경로를 따라 이동하면서 표층과 심층을 관측하는 수중 글라이더(glider) 등이 이에 해당된다. 특히 수심 2천 미터 바닷속까지 들어갈 수 있으며, 특정 수심에 머무르다가 10일마다 표층에 떠오르며 자료를 수집, 전송 후 다시 가라앉으며 자료를 수집하는 ARGO 뜰개의 경우는 2007년 11월까지 그 초기 목표였던 3천 개 투하를 완료했고, 2011년 2월 기준으로 3,214개의 ARGO 뜰개가 전 세계 바다를 누비며 관측자료를 전송하는 중이다(그림 33). 이외에도 원하는 위치로 이동하며 해양관측을 실시하는 다양한 무인 로봇들이 활용되기 시작하고 있다.

또 다른 방식의 무인 해양관측은 이동하는 것이 아니라 특정한 위치에 고
정해 둔 센서들로부터 장기간 연속적으로 시간에 따라 변하는 시계열 자
료를 수집하는 것이다. 여기에는 계류선(mooring line)의 정해진 수심마다 부
착해 둔 센서들을 통해 지속적으로 자료를 수집하거나 음파를 이용해 수
직적인 유속 구조 등을 측정하는 계류장비, 해저면에 안착시키거나 해저
케이블 망으로 연결하는 장비, 특정 단면을 통과하는 해수 수송량 감시 등
이 포함된다. 이 같은 특정 정점의 연속 시계열 관측 방식의 경우에도 수
집된 자료들을 인공위성을 통해 바로 전송하여 시간에 따른 바닷속 환경
변화를 실시간으로 그리고 지속적으로 감시하는 일이 가능해지고 있다.
22개국 60여 유관기관들이 참여하고 있는 전 세계 해양 시계열 관측 네트
워크인 OceanSITES에 따르면 중단되거나 새로 계획 중인 33개소를 제외
하고도 2010년 9월 기준으로 전 세계 바다의 89개 고정점들과 19개 단면
들에서부터 장기적인 해양 시계열 자료를 수집 중에 있다(그림 34).

그러나 개별 단일 관측장비들만으로는 모든 시간과 모든 공간에서 일어
나는 현상들을 다 관측·감시할 수 없기 때문에, 이 개별 관측장비들이 가
진 한계를 극복하며 시너지 효과를 창출하기 위해 다양한 관측장비로부
터 동시에 수집되고 있는 정보들을 통합하여 관측망을 구성한다. 이 '통
합' 해양관측망은 지역적으로나 국가적인 차원의 규모로만 일어나고 있
는 것이 아니라 국제적인 차원에서도 '전 지구 통합해양관측망 시스템'이
라는 이름으로 구축 중에 있다(그림 35).

　그림 34 고정점 계류 및 수송량 시계열 해양관측 네트워크(OceanSITES) 전망 지도:
2010년 9월 현재

[출처: OceanSITES[41]]

　그림 35 전 지구 통합 해양관측망 시스템 구성요소. 국가별 혹은 지역별 통합 해양관측망 시스템도 비슷한 틀을 가진다.

[출처: 정부 간 해양관측 위원회(IOC)[42]]

미국에서는 그동안 VENUS(Victoria Experiment Network Under the Sea), MARS(Monterey Accelerated Research System), Martha's Vineyard Coastal Observatory와 같은 선행 해양관측 프로그램들을 통해 축적된 기술력을 바탕으로 최근 수백 명의 해양과학자들이 참여하는 OOI(Ocean Observatories Initiative)[43]라는 대규모 해양관측 프로그램을 추진하기 시작했다(그림 36, 그림 37). 미국 해양과학 역사상 가장 거대한 규모로 예산과 인력을 투입하여 기존의 해양관측 한계를 극복하고 연속적이며, 양방향의, 실시간 관측자료 수집 프로그램을 시작할 정도로 이러한 시계열 해양관측 및 해양관측망 구성에 힘을 쏟고 있는 실정이다. 특히 이 프로그램은 개별 연구자들의 특정 관심사나 특정 현상에 국한된 것이 아닌, 포괄적인 공공의 이익을 위한 기반 시설을 제공하는 것에 초점이 있어서, 향후 운용·유지 단계가 되면 누구나 이 시설을 필요한 목적으로 활용할 수 있도록 한다는 데에 그 특징이 있다.

41   http://www.oceansites.org/network/index.html
42   http://www.iooc.us/about/
43   http://www.oceanobservatories.org/

＼ **그림 36** 미 과학재단(NSF; National Science Foundation)의 대규모 해양관측 프로그램 OOI(Ocean Observatories Initiative)에서 계획 중인 장비들이 설치될 주요 위치들. 4개의 전 지구 규모 정점들(Global Scale Nodes)은 알래스카 부근의 Station PAPA, 그린란드 해역의 Irminger Sea, 칠레 부근의 Southern Ocean, 아르헨티나 분지의 Argentine Basin과 같고, 2개의 연안 규모의 정점들(Coastal Scale Nodes)은 북서부 연안의 Endurance Array와 북동부의 Pioneer Array, 그리고 지역적 규모의 정점(Regional Scale Node)은 북서부 연안의 Endurance Array와 연결된 외해의 해저면으로 계획되어 있다.
[출처: Ocean Observatories Initiative 프로그램 페이지, Credit: OOI Regional Scale Nodes program and the Center for Environmental Visualization, University of Washington, Web designed by Will Ramos | © Copyright Ocean Observatories Initiative (OOI) 2010–2011[44]]

Argentine Basin, South Atlantic

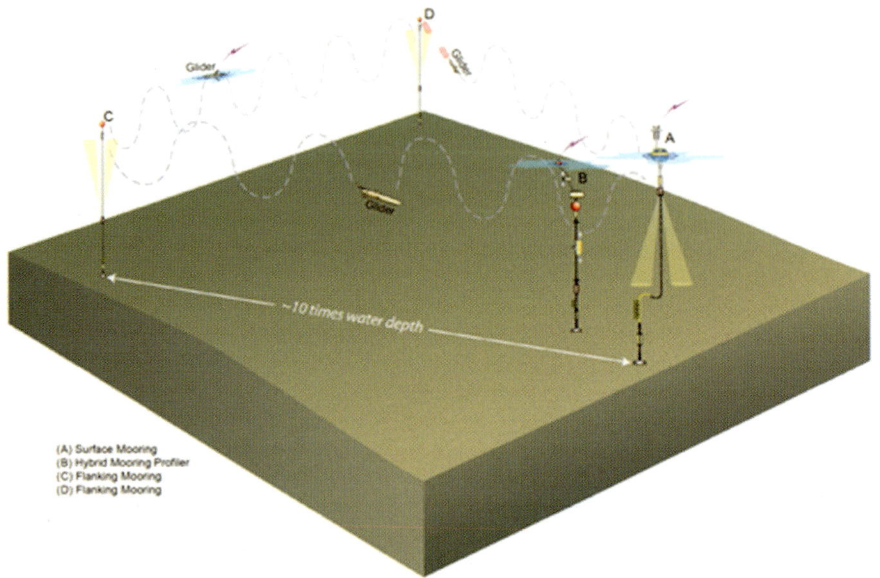

Description

Disclaimer: All data are subject to revision without notice; exact locations of mooring sites are not yet finalized; exact depths of sensors will be determined at the time of deployment.

＼ 그림 37 미 과학재단(NSF; National Science Foundation)의 대규모 해양 관측 프로그램 OOI(Ocean Observatories Initiative)에서 계획 중인 4개의 전 지구 규모 정점들(Global Scale Nodes) 중 하나인 아르헨티나 분지의 Argentine Basin의 관측 구성 예. 여러 종류의 고정점 시계열 계류 관측과 이들 사이를 운행하는 수중 글라이더들로 구성될 예정이다.
[출처: Ocean Observatories Initiative 프로그램 페이지, Credit: OOI Regional Scale Nodes program and the Center for Environmental Visualization, University of Washington, Web designed by Will Ramos | © Copyright Ocean Observatories Initiative (OOI) 2010-2011[45]]

또, 국가적인 차원뿐만 아니라 지역적인 차원에서도 통합 연안해양관측망을 구성 중에 있는데, 미국의 경우 서부 해안지역에서는 NANOOS[46], CeNCOOS[47], SCCOOS[48]와 같은 3개의 지역적인 연안해양관측망을 구축하고 있다. 이 관측망을 구성하는 다양한 관측장비들로부터 수집되는 자료·정보들은 인터넷 등을 통해 제공되고 있으며, 다양한 목적으로 이루어지는 바다에서의 활동과 미래 해양기술 개발을 위한 기초자료로서 활용되고 있다. SCCOOS의 경우에서 볼 수 있는 것처럼 여기에는 계류 관측과 같은 고정점의 연속 관측은 물론 선박을 이용한 부정기적인 조사나 수중 글라이더(glider) 및 연안 레이더를 이용한 표층 해류 관측 등이 포함된다(그림 38).

이러한 국제적·국가적 그리고 지역적 통합 해양관측망은 기후변화와 자연재해 및 해양오염을 관측·감시하고 이해하는 데에 매우 중요한 것으로 알려져 있다. 미국 우즈홀해양연구소(Woods Hole Oceanographic Institution)나 캘리포니아대학 샌디에이고 캠퍼스의 스크립스해양연구소(Scripps Institution of Oceanography, University of California at San Diego)와 같이 세계적 권위를 가진 해양연구소들이 여러 척의 연구선들을 보유하고 다양한 유·무인 해양관측 기기들을 개발하며 그동안 선구적인 해양관측 노력을 해 온 것도 바로 이러한 이유 때문이다. 특히 스크립스해양연구소의 경우에는 FLIP(FLoating Instrument Platform)이라는 이름의 독특한 관측 플랫폼이라든가 이미 잘 알려진 스크립스 피어(Pier)와 같은 시설들을 오래전에 개발하여 현재까지도 연구에 활용하는 중이다(그림 39, 그림 40).

---

46   Northwest Association of Networked Ocean Observing System.
47   Central and Northern California Ocean Observing System.
48   Southern California Coastal Ocean Observing System.

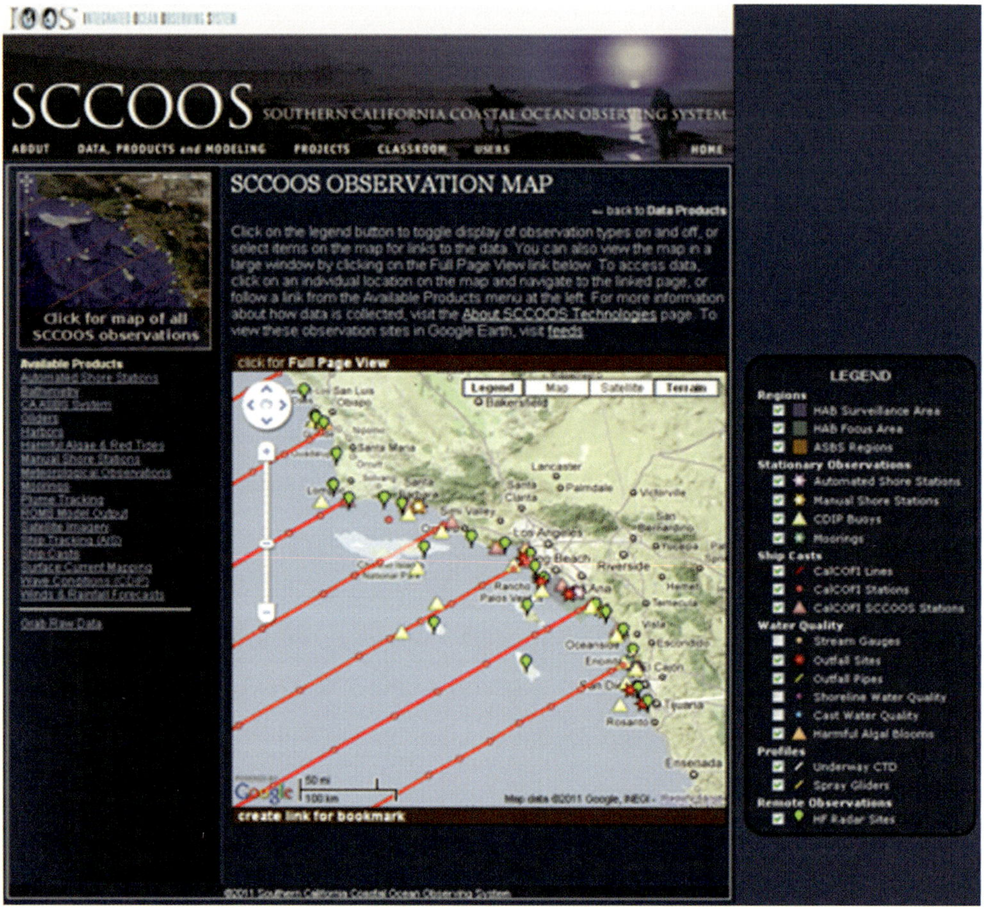

﹨ **그림 38** 미국 서부에 구축된 3개 지역의 연안해양관측망 중에서 남가주 지역(SCCOOS; Southern California Coastal Ocean Observing System)의 예를 나타낸다.

[출처: Southern California Coastal Ocean Observing System 프로그램 페이지[49]]

49 http://sccoos.org
50 http://gcaptain.com/the-flip-scripps-institute-of-oceanography?453

그림 39 미 스크립스해양연구소의 FLIP(Floating Instrument Platform) 사진들. 바다 한가운데에서 90도로 꺾여 세워질 수 있도록 설계된 특수한 플랫폼이다.

[출처: 2010년 9월 17일자 gCaptain 기사[50](위), 유튜브—미 스크립스해양연구소(Scripps Institution of Oceanography, University of California at San Diego—FLIP(아래)]

그림 40 미국 샌디에이고 스크립스해양연구소 해안에 바다로 뻗어 있는 피어(pier)의 모습.
그 뒤로 대양 항해용 연구선 로저 르벨(R/V Roser Revelle)이 통과하고 있다.
[출처: 미 스크립스 해양연구소(Scripps Institution of Oceanography, University
of California at San Diego)[51]]

FLIP은 특정 바다 한가운데에서 90도로 꺾여서 세워질 수 있도록 설계된 특수 플랫폼인데, 파랑 등의 거친 해상 조건에 따라 요동하지 않는 매우 안정된 플랫폼을 제공할 수 있기 때문에 정밀한 음향 장비 등의 측정에 활용되고 있으며, 그 내부에는 90도로 꺾여 세워진 경우와 그렇지 않은 경우 각각 내부에서 생활이 가능하도록 식탁, 화장실, 침대 등의 모든 내부 시설들이 바닥과 벽에 이중 구조로 되어 있다. 스크립스 피어는 연구소에서부터 바로 바다로 뻗어 있어서 그 끝에 위치한 크레인 등으로 소형 요트나 장비 등을 내려 언제든지 바다 한가운데로 접근이 용이하도록 하였고, 관측 플랫폼뿐만 아니라 다양한 목적으로 활용되고 있다. 통합 해양관측망으로부터 수집된 자료들은 해양 모델들에 동화됨으로써 더욱 잘 활용될 수 있다. 특히 최근의 컴퓨팅 능력 향상에 따라 과거에는 수치적으로 계산이 어려웠던 고해상의 광역 해양 모델들이 개발되고 있는데, 이 같은 최신의 고급 해양 모델에 해양관측망으로부터 실시간 수집되고 있는 자료들을 동화함으로써 해양환경을 보다 빠르고 정확하게 예보하려는 많은 노력들이 진행 중이다. 이러한 노력들은 결국 기후변화와 자연재해 그리고 해양오염에 대한 우리의 대응 능력을 크게 향상시키게 될 것으로 보인다.

해양과학기술의 활용과 미래 해양산업

앞 장에서 엄청난 규모의 바닷물과 너무나도 다양한 바다생물들 및 넘치는 자원들을 통해 바다가 가진 무한한 가능성을 살펴보았다. 실제로 그 활용을 위해 해수담수화, 해양심층수, 해수온실, 해양추출 천연물 신약, 심해탐사, 해양에너지 등 해양과학기술이란 이름으로 바다를 활용하는 여러 노력들과 다양한 미래 해양산업들이 곳곳에서 새롭게 펼쳐지는 중이다.

2010년 기준으로 세계 물 산업 시장 규모가 연간 약 600조 원으로 추산되는 데다 해수담수화 기술 시장만 해도 향후 크게 확장할 것으로 전망되고 있다. '글로벌 워터 인텔리전스(GWI)'라는 영국의 물 전문 연구기관에 따르면 해수담수화 시장이 2007년 120억 달러(약 13조 원)에서 2025년 440억 달러(약 49조 원)로 커질 전망이라고 한다. 대동강 물을 퍼서 사람들에게 팔았다는 봉이 김선달도 울고 갈 정도로 거대한 물 산업 시장이 해수담수화와 함께 열리고 있는 시대인 것이다. 그도 그럴 것이 물은 사실 인간에게 없어서는 안 되는 가장 중요한 자원이다. 늘 우리 곁에 있었기 때문에 한때는 특별히 걱정하지 않고 살았던 시절도 있었지만, 앞에서도 살펴본 바와 같이 지구를 둘러싼 엄청난 규모의 바닷물에도 불구하고 오늘날 기후변화와 인구증가 및 산업화에 따른 물 오염은 우리를 심각한 물 부족 문제에 직면하도록 만들었다.

다른 자원과 달리 물 부족은 인류의 생존에 지대한 악영향을 미치기 때문에 이 문제의 해결은 매우 중요하다. 해결을 위한 많은 성과들 중에서 '해수담수화' 기술은 가장 확실한 방법으로 여겨지고 있으며, 가히 눈여겨볼 만한 것이다. 바닷물에서부터 소금기를 제거하여 식수나 공업용수 등으로 이용할 수 있도록 담수를 얻어 내는 이 기술은 이미 상용화 단계까지 와 있으며, 특히 플랜트가 점점 대형화되고 중동 지역의 수요가 계속 증가함에 따라 해수담수화 시장은 앞으로 계속해서 크게 성장할 것으로 보인다. 또, 한국에서는 최근 기존 해수담수화 기술의 문제점을 해결할 수 있는 가스 하이드레이트를 이용한 신기술도 개발 중에 있다. 일정한 압력과 온도에서 가스와 바닷물을 결합시킬 때 염분과 불순물이 분리되면서 얼음과 유사한 고체 하이드레이트가 만들어지는 원리를 이용하는 이 기술은 기존 공법보다 비용이 더 저렴하고 효율성과 경제성이 뛰어나 세계가 주목하고 있으며, 아직 원천기술을 보유한 나라가 없어 잠재력도 큰 것으로 평가되고 있다.

여기서 조금 더 나아가면 일반적으로 '심충수'라 불리는 수심 200미터 아래의 깊은 바닷물을 가공하여 청정수로 만드는 '해양심충수' 기술이 있다. 현재 한국을 포함한 5개 국가(미국, 일본, 노르웨이, 대만)만이 해양심충수 개발에 성공하여 산업화가 이루어지고 있는 상태다. 해양심충수는 광합성을 하는 식물성 플랑크톤과 해조류가 살지 못해서 이를 먹고 사는 각종 병원균과 유기 오염물은 거의 없는 반면, 질소와 인 등 영양염으로 분해·축적된 무기물이 풍부하며 칼슘이나 마그네슘 능의 세포 작용을 돕는 미네랄이 다량 함유되어 있어 소금기를 제거하고 정제하여 주로 생수로 활용되지만 그 외에도 주류, 두부, 김치, 화장품 등 300여 종에 활용가치가 있다고 한다. 아직은 성장 초기단계로 끊임없이 재생산되는 자원이기 때문에 이 또한 큰 성장가능성을 지니고 있다.

지구온난화로 갈수록 녹지가 줄어들고 사막이 늘어나는 사막화가 점점 심해질 것으로 전망되는 가운데, 지구촌의 식량난을 해결할 수 있는 방안으로 바닷물을 이용해 낮과 밤의 온도차가 섭씨 40도가 넘어 사람이 살 수 없는 사막을 녹지로 만드는 '해수온실' 기술 또한 최근 주목받고 있다. 이 기술은 펌프로 바닷물을 끌어 올린 다음 기화시켜 습한 공기를 만든 뒤 열을 흡수하게 되면 온실 안의 온도와 습도가 작물이 자랄 수 있는 환경으로 만들어지는 원리를 이용한 것이다. 이 물은 나중에 다시 응축시켜 민물로 전환하고 지하의 저수탱크로 보내져 농업용수로 사용된다.

그림 41 사하라 포레스트 프로젝트

[출처: 시워터 그린하우스(Seawater Greenhouse), © Seawater Greenhouse, Ltd. 2010[52]]

영국의 시워터 그린하우스(Seawater Greenhouse, Ltd.)는 2011년 초부터 해수
온실과 태양열발전소를 결합하여 사하라 사막을 녹지화하는 8천만 유
로 규모의 사하라 포레스트 프로젝트(Sahara Forest Project)를 추진 중이다(그
림 41). 이 회사는 아랍 에미리트의 아부다비, 스페인의 그란카나리아, 오만
의 무스카트 등에 파일럿 플랜트를 짓고 상추, 피망, 오이와 토마토를 기
르며 기술 타당성도 입증한 상태이다. 에너지 전문가인 닐 크럼프턴(Neil
Crumpton)은 그의 저서 『Friends of the Earth』를 통해 사하라 포레스트 프로
젝트에 사용되는 것과 같은 집광형 태양열발전의 반사경들을 이용하면
지구의 사막 1%만 사용해도 전 세계 에너지 소비량의 1/5을 공급할 수 있
다고 하였으며, "2만ha의 온실에서 매일매일 100만 톤의 바닷물을 증발시
킬 수 있다. 각국 정부는 이러한 태양열 에너지와 해수담수화 기술에 투자
해야 하고, 위험한 핵발전 등에 현혹되면 안 된다."고 지적한 바 있다.

앞 장에서 소개한 바와 같이 거대한 규모의 바닷속에 살고 있는 생물종 또한 매우 다양하여 전 세계 생물종의 대부분(80% 이상)이 해양생물종에 해당되는데, 자원으로서의 그 가치가 워낙 뛰어나서 각국은 해양생물자원의 체계적 관리에 심혈을 기울이고 있는 중이다. 한국에서는 국립수산과학원에서 해양생물종다양성정보시스템을 구축하여 국내외에 산재되어 있는 해양생물다양성 정보를 통합, 서비스하고 있다. 여기에는 원양어류, 고래류 등 국립수산과학원에서 발행한 각종 도감류 및 연구조사 정보를 메타데이터로 하여 산하 연구기관에서 축적된 종보전 연구, 고래 연구, 해조류 연구 등의 종 다양성 정보, 유전지원 및 분지육종, 신물질 연구 등의 유전자 다양성 정보, 갯벌 및 내수면 연구, 심해 연구 등의 생태계 다양성 정보들이 모두 데이터베이스화되고 있다. 특히 2008년부터 한국은 해양 분야 종합 생명공학 연구개발 계획인 '블루-바이오 2016'을 추진하면서 2016년까지 해양생명공학 시장을 6조 원까지 확대하고, 특허 기술경쟁력을 세계 7위 수준까지 끌어올리는 것을 목표로 하고 있다.

또, 너무나도 다양한 생물자원들을 활용하면 이제까지 얻을 수 없었던 획기적인 신약 개발까지 가능하다고 한다. 항생제 남용으로 나타난 저항성 병원균인 슈퍼박테리아와 다양한 항암제에 내성을 지닌 암세포 제어 등의 해결을 위해 기존 약물과는 완전히 다른 새로운 화학구조의 신물질 개발이 시급한데, 육상의 신물질 고갈에 따른 신약 개발 한계와는 대조적으로 바다에는 유전자적 다양성과 특이성을 가지는 무수한 해양생물들이 존재하고 있어 획기적인 신약 개발 가능성이 매우 큰 편이라고 한다. 지구 전체 동물의 80%에 달하는 수십만 종의 해양생물들로부터 체내 생합성되어 축적된 유기화합물의 구조, 대사, 분포, 생리활성 등을 연구하는 해양천연물 분야는 현재까지 연구되고 있는 종들이 단지 1% 미만에 불과

할 정도로 그 미개척 종이 많이 남아 있어서 앞으로 잠재력이 큰 분야이다. 특히 해양생물 시료의 채집기술 발달과 함께 해양천연물 분야에의 투자 확대로 매우 활기를 띠고 있다. 선진국들이 해양생명공학에 대대적인 투자를 하고 있는 큰 이유 중의 하나도 바로 이처럼 첨단 의약산업 분야의 신약 개발에 대한 무한한 가능성을 바다가 제공하고 있기 때문일 것이다. 해양천연물학자와 생물학자만으로 구성된 선진국 모델과 달리, 한국에서는 서울대학교 '해양천연물신약연구단'을 중심으로 신약 개발 전 주기에 필요한 모든(해양학자에서부터 임상의사에 이르는) 전문인력이 동시에 연구 개발에 참여하는 방식으로 천연물 추출 신약 개발을 진행 중에 있다고 한다.

방대한 해양생물 시료의 채집뿐만 아니라 바닷속 용존자원 추출이나 심해저 광물 자원 개발을 위해서도 중요한 것 중 하나가 바로 심해탐사 기술이다. 심해탐사 기술이 발전하면서 심해에서 필요한 해양생물 및 광물자원들을 더 효율적으로 그리고 본격적으로 추출할 수 있게 됨에 따라 향후 육상 자원 고갈 문제의 많은 부분을 해결할 수 있을 것으로 전망된다. 앞 장에서 살펴본 망간단괴, 메탄 하이드레이트, 해저열수광상은 심해저 광물 자원의 단지 몇몇 예일 뿐이며, 심해탐사 기술의 발전에 따라 얼마든지 추가적으로 무궁무진한 자원들을 거의 무한에 가깝게 새로 추출할 수 있을 것이다. 그동안 심해에서는 수압이 매우 높고 빛과 전파가 도달할 수 없어 위성항법장치(GPS)나 육상의 전파통신 등의 기술을 적용할 수 없었기 때문에 무인항법장치 등의 높은 기술 수준이 요구되어 왔지만, 일부 선진국에서는 심해 원격제어 무인잠수정(ROV)이나 자율 무인잠수정(AUV)을 개발하여 운용하고 있다. 최근 한국도 6천 미터급 ROV '해미래'와 AUV '이심이'의 자체 개발에 성공한 바 있다. 특히 '해미래'는 통가 해역의 수심 1천 미터 바닷속 심해저열수광상(그림 31)과 같은 광상 탐사에 이미 사용되고 있다. 또 다른 심해탐사로는 유인 잠수함을 빼놓을 수 없는데, 군사용 잠수함의 최대 잠항 수심(1천 미터)과 향유고래의 잠수 수심(3천 미터)을 훨씬 넘어서는 매우 깊은 해구들을 탐사할 수 있는 특수 잠수함이 개발 중이어서 화제다. 특히 우주로 향했던 영국 출신의 억만장자 모험가인 리차드 브랜슨(Sir Richard Branson) 경이 발표한 버진 그룹의 'Virgin Oceanic' 프로젝트[53]에서는 탄소 섬유와 티타늄 등의 특수 소재를 사용하는 1인용 잠수함을 개발했는데, 분당 약 100미터 속도로 1만 1천 미터 이상의 심해까지 잠항하여 탐사할 수 있는 획기적인 것이라고 한다(그림 42). 이들은 앞으로 2년간 오대양의 해구들을 탐사할 계획이며, 곧 세계에서 가장 깊은 태평양 마리아나 해구(1만 1천 미터 수심)에 도전하여 세계기록을 세우겠다는 계획이다.

앞 장에서 바다가 지닌 역동성과 열 저장능력, 그리고 무궁무진한 생명체들을 활용한 몇몇 해양청정 에너지 개발의 예들을 살펴보았는데, 이 중에서도 해상풍력은 덴마크 니스테드의 예처럼(그림 43) 이미 가장 많은 검증이 이루어진 유망한 에너지원으로 손꼽히고 있으며, 태양광의 약 5배 수준(200GW)의 용량에 도달한 세계 풍력발전은 가장 빠른 속도로 발전하고 있는 신재생에너지원에 해당된다. 2011년 상반기에만 무려 101개의 새 풍력터빈들(총 348.1MW)이 영국, 독일, 노르웨이의 전력선에 연결되었고, 현재 바다에 건설 중인 유럽의 해상풍력발전단지의 규모만 해도 약 850억 유로(미화 1,140억 달러)에 달한다고 한다. 완성되면 2011년 6월 현재 1,249개 해상풍력터빈으로부터 생산되고 있는 3.3GW의 전력에 2.8GW의 전력을 추가로 공급하게 된다. 유럽에서는 2020년까지 1,940억 유로(약 2,619억 달러)의 투자와 함께 해상풍력의 발전용량을 무려 3배 규모로 크게 늘릴 계획을 수립했다. 특히 영국과 프랑스의 해상풍력발전이 두드러지는데, 영국은 현재에도 전체적으로 11개 단지로부터 1.3GW의 전

---

53   http://www.virginoceanic.com/

\ **그림 42** 미디어와 교육용으로 Eric Nyquist가 제작한 수심차트 infographic. 버진 그룹
의 일인용 특수 잠수함 '딥플라이트 챌린저'의 태평양 마리아나 해구 탐사 시도를 표
시하고 있다.

[출처: Virgin Oceanic[54]]

력을 생산하며, 전 세계 해상풍력발전(3.08GW)의 43.5%를 차지하고 있는 국가이다. 2020년까지 영국 정부가 조성하려는 17개의 대규모 단지로부터 공급될 풍력발전 규모는 48GW에 달할 것이라고 하며 이를 위한 투자규모가 2,000억 파운드 규모에 달한다고 한다.[55] 2020년까지 1,200대의 해상 풍력 터빈을 건설하여 전력 공급에 활용할 계획인 프랑스의 경우에는 2011년 7월에 최초의 해상풍력발전 파크를 설립하여 약 1만 개의 일자리 창출에 기여할 수 있도록 해상풍력발전에 투자하고 있다.

한국도 최근 대우조선해양과 STX, 삼성중공업이 세계 최내 규모인 7MW급 풍력터빈을 개발하고 있으며 현대중공업은 5.5MW급 시제품을, 두산중공업은 3MW급 제품을 개발해 국제인증을 받았고, 효성은 2013년 초 5MW급 풍력발전시스템 시제품을 설치할 계획이라고 한다. 또, 정부에서는 서남해안을 중심으로 2030년까지 여러 해상풍력발전단지 건설을 통해

＼ **그림 43** 덴마크 니스테드의 해상풍력발전단지

[출처: 2011년 9월 27일자 그린데일리 기사]

23GW의 설치용량과 50TWh(50,000GWh)의 발전량을 달성하여 전체 전력 수요의 10%를 해상풍력에서 공급받는다는 계획을 수립한 상태이다.

대형 국가전략사업으로 전남·전북 서해안 일대에 초대형 해상풍력단지 개발이 추진되는가 하면, 2014년 초 제주 서부 지역에 선보일 '복합형' 해상풍력발전은 수중가두리 양식과 관광을 결합해 시너지 효과를 이끄는 새로운 개념으로 주목받는 등, 전반적인 해상풍력발전은 벌써부터 미래 해양산업의 블루오션으로 기대를 모으고 있는 중이다.

해양강국으로

많은 미래학자들이 예견했듯이 21세기는 '해양의 시대'가 분명해 보이며, 사실 과거 인류의 역사를 통해서도 그동안 바다를 지배하는 자가 세계의 패권을 쥐어 왔음이 증명되어 왔다. 바이킹과 네덜란드 그리고 대영제국으로부터 시작해서 오늘날의 미국과 일본에 이르기까지 국가의 흥망성쇠가 바다와 관련되어 왔으며, 바다로 나간 민족/국가는 그동안 늘 세계 패권을 쥐어 왔다. 대륙국가로 알려진 중국 또한 원래는 해상강국이었다고 한다. 경제사학자들에 따르면 명나라 때 중국은 세계 GDP의 1/3을 차지할 정도의 세계 최고의 부국이자 세계 최고의 해양강국이었다. 명나라의 유명한 해국제독 정화는 7차례에 걸쳐 싱가포르와 말라이 반도, 인도를 거쳐 중동의 두바이 및 아프리카 소말리아까지 원정을 다닐 정도였다. 그러나 영락제 사후 유학자들의 반격으로 정화의 세력이 보복당하며 급속하게 위축되는 과정에서 국내로 시선을 돌리게 된다. 당시 두 개 이상의 돛을 가

---

54   http://www.virginoceanic.com/
55   2011년 11월 7일자 MK뉴스 기사, "영국, 해상풍력발전 세계 최고".

진 선박으로 항해하는 중국인은 누구나 해적으로 간주되어 처형되었고, 정화의 항해기록도 모두 불살랐다. 이 시기에 산업혁명을 거치고 '대항해의 시대'를 열며 바다로 나아가던 서구 문명과 대조적으로 중국은 깊은 잠에 빠진 것이다. 한국 또한 이 무렵에 섬에 사람을 살지 못하게 하는 고려 말의 '공도(空島)정책'이라든가 해양 활동 자체를 전면 금지시키는 조선의 '해금(海禁)정책' 등 바다를 멀리하고 천시하는 풍조를 만들기 시작했다. 어쩌면 한국 사회 전반의 다소 '폐쇄적인 코드'도 이때부터 기원한 것이 아닌가 한다.

그러나 명나라 이후 500년 만에 중국도 이제는 해양강국을 외치며 최근 급성장하는 경제력을 바탕으로 바다로 다시 나아가려고 움직이고 있다. 그렇다고 해서 전통적 해양강국 미국과 일본 등이 바다에 대한 투자를 줄이는 것도 아니다. 최근의 어려운 세계 경제 여건에도 불구하고 선진국들의 해양에 대한 투자는 여전히 줄어들 조짐을 보이지 않고 있다. '바다를 얼마나 더 잘 알고, 더 잘 이해하고, 더 잘 활용하는지'가 국가 성장에 영향을 미친다는 사실을 인식한 각국은 저마다 해양강국으로 도약하기 위해 치열하게 경쟁하고 있음을 여실히 보여 준다.

과연 애국가 1절의 첫 단어부터 '동해'라는 특정 바다의 명칭으로 시작하고 있는 대한민국은 어떠한가?

한국은 지난 30년간 놀라운 해양산업의 융성을 이루어 이제 세계 해양산업에서 조선 1위, 해운 6위, 수산 12위를 차지할 정도가 되었다. 앞서 살펴본 몇 가지 예들에서처럼 차세대 해양과학기술을 활용하는 미래 해양산업으로의 진출 또한 활발하다. 유엔환경계획(UNEP)은 2010년 95개 분석 국가 가운데 독일, 중국과 함께 한국을 기후변화 대응에 '가장 역동적이고 선도적인 그룹'에 포함시키기도 했다. 또, IPCC 4차 보고서가 나온 2007년 노벨평화상위원회는 노벨평화상의 1/2을 불편한 진실이라는 용어로 지구온난화 문제를 다룬 앨 고어에게, 나머지 1/2을 IPCC 보고서 작성에 참여한 약 1천여 명의 학자에게 수여했는데, 이때 포항공대 해양대학원장을 역임한 김구 교수와 기상청 권원태 박사 등 한국인 총 4명이 기여인증서를 수여한 바 있다. 또, 2014년에 발간할 예정인 5차 보고서 작성에도 권원태 박사를 포함한 한국인 과학자들이 계속 참여하고 있다고 한다. 그럼에도 불구하고 여전히 바다에 대한 국민들의 전반적인 인식은 매우 낮고 여전히 부정적인 성향이 더 강한 것 또한 인정할 수밖에 없는 현실이다.

단순히 삼면이 바다라고 해서 저절로 해양강국이 되는 것은 아닐 것이다. 바다를 외면하고 바다로 나아가는 사람들을 천시하는 사회 풍조가 사라지지 않는 이상은 진정한 해양강국으로 도약하기가 어렵다. 일찍이 육당 최남선 선생은『바다를 잊어버린 민족』(1954)을 통해 "우리가 반도국민 임해국민으로서 잊어버린 바다를 다시 생각하여 잃어버렸던 바다를 도로 찾아서 그 인식을 바르게 하고, 그 자각을 깊이 하고, 그 가치를 발휘하고, 그 지위를 확보하는 것이 가장 첫걸음"이라 지적했고, "한국을 구원할 자는 한국을 바다의 나라로 일으키는 자일 것"이라 선언했던 바 있다. 남성을 바다, 여성을 배에 비유하며, 바다를 배들이 노니는 친숙한 낭만의 공간이자 든든한 동반자로 여기는 서양 문명과 대조적으로, 우리는 '남자는 배 여자는 항구', '바다가 육지라면……' 등에서 보는 것처럼 바다를 무심하고 원망스러운 공간, 장애물이나 낯선 공간 또는 험상궂은 공간으로 여기며 바다와 힘겹게 살아가는 인식이 더 강하다고 한다. 동서고금을 막론한 성경에서도 "배들을 바다에 띄우며 큰 물에서 일을 하는 자는 여호와께서 행하신 일들과 그의 기이한 일들을 깊은 바다에서 보나니"(시 107:23-24)라고 기록되어 있을 정도로 바다에 대한 우리의 인식이 희망과 긍정에 더 가까운 것이었음을 볼 때 바다를 잊어버린 것은 우리 민족에게만 해당된 문제로 보인다.

최근 한국 정부는 2020년까지 세계 5대 해양강국으로 성장하려는 원대한 목표를 세우고, 바다를 통한 녹색성장에 본격적으로 투자하기 시작했다. 2007년 이후 매년 부산에서 개최하고 있는 '세계해양포럼'에서 2011년에는 특히 '스마트 혁명과 新해양산업'이란 주제로 세계해양계의 핵심 의제를 다루기도 했으며, 2012년에는 여수에서 '살아 있는 바다, 숨 쉬는 연안'이란 주제로 여수세계박람회가 개최될 예정이다(그림 14). 최근 부산 지역에 설립 논의가 활발한 해양과학기술원(KIOST)도 해양 연구개발 분야의 경쟁력 강화를 위한 정부의 의지에서 비롯된 것이라 할 수 있다. 정부의 활발한 투자와 의지가 더할 나위 없이 중요한 것은 사실이지만, 이것만으로 저절로 해양 연구개발 분야의 경쟁력이 강화되고 해양강국이 되는 것은 아닐 것이다.

해양강국은 뛰어난 두뇌와 뜨거운 인류애를 가진 '사람'들이 바다에 대한 희망과 비전을 가지고 새롭게 도전할 때에 비로소 이룰 수 있을 것이다. 우리 스스로가 바다에 대한 인식을 제고하고 바다를 적극적으로 활용하는 해양과학기술과 다가오는 해양산업에 대해 새로운 패러다임으로 접근해 나간다면 대한민국과 나아가 우리가 살고 있는 푸른 행성의 미래까지 크게 낙관할 수 있게 될 것으로 기대할 수 있을 것이다.

미래 국부 창출과 세계인의 지속 가능한 번영을 위한 해양과학기술과 해양산업에 보다 많은 대한민국의 젊은 인재들이 조우하기를 기대해 본다.

\ **그림 44** 여수 세계박람회 대표 조감도

[출처: 2012 여수 세계박람회 공식 홈페이지[56]]

에필로그

내일을 푸는 열쇠

과학기술의 발전은 우리 생활을 편리하게 하는 힌편 지구 환경에 위기를 가져와 미래의 생존과 번영을 불투명하게 만들고 있다. 그러나 과학기술의 힘을 사용하지 않고는 이제 미래의 우리 생존과 번영을 보장할 수 없는 상태에 이르렀다. 결국 이 지구환경 위기로부터의 돌파구 또한 과학기술의 힘에 크게 의존하지 않을 수 없게 된 것이다. 이제 그 과학기술의 힘을 어느 쪽으로 사용하느냐에 따라 우리의 미래는 크게 달라질 것이다.

아직 늦은 것이 아니다. 지금이라도 눈을 들어 바다를 바라보자. 이제 본격적으로 바다로 나아가야 할 때가 왔다. 혹자는 '아는 만큼 보인다.'고 했다. 전기 자동차가 상용화되고, 스마트폰이 일상화되어 가는 첨단의 시대에 유독 바다만이 두려운 미지의 대상으로 남아 있을 이유는 없다. 바다를 알아내고 활용하기 시작하면 우리는 내일을 풀어내는 희망의 열쇠를 곧 보게 될 것이다.

고은 시인은 "사실 지구라는 이름은 오류이며 수구(水球) 또는 해구(海球)여야 하고 지구상의 6대주라는 육지는 5대양이라는 커다란 바다에 떠 있는 섬에 불과하다."고 했다. 이 푸른 행성 지구에서 살아남기 위해서는 한계에 도달한 육지가 아닌 바다로 나아가야만 할 것이다.

최근 대한민국이 해양강국을 표방하며 해양과학기술과 미래 해양산업으로의 투자에 박차를 가하기 시작한 점은 매우 반가운 일이다. 역사는 예로부터 바다로 나간 민족이나 국가가 세계 패권을 쥐어 왔음을 잘 알려 주고 있다. 더구나 지금은 많은 미래학자들이 '해양의 시대'라고 예견한 21세기이다. 우리가 살고 있는 푸른 행성의 위기를 해결할 수 있는 무한한 가능성은 바로 바다에 있다. 위기는 기회이기도 하다. 미래를 읽는 해양과학기술이라는 이 '블루 오션' 속에서 내일을 열어 가는 보다 많은 도전들을 기대한다.

"어제로부터 배우고, 오늘을 살며, 내일의 희망을 품어라(Learn from yesterday, live for today, hope for tomorrow)."

— 알베르트 아인슈타인(Albert Einstein, 1879~1955)

남성현

서울대학교 자연과학대학 지구환경과학부에서 해양학을 전공하고 대학원에서 해양물리학으로 석사와 박사 학위를 받았다. 박사 학위 후에는 국방과학연구소 제6기술연구(해상/수중 무기체계개발)본부에서 대한민국 해군을 위한 해양연구를 수행하였으며, 현재는 미국 스크립스해양연구소에서 기후와 해양물리학 및 해양생태학 관련 연구 프로젝트들을 수행 중이다.

1999. 2.   서울대학교 지구환경과학부(해양학 전공) 학사
2001. 2.   미국 오리건주립대학교 해양기상과학대학 방문연수
2001. 8.   서울대학교 지구환경과학부(해양학 전공) 석사
2003. 6.   미국 로느아일랜드대학교 해양대학원 방문연수
2006. 8.   서울대학교 지구환경과학부(해양학 전공) 박사
2006.10.~2008.11.   국방과학연구소 제6기술연구본부 연구원
2008.12.~현재   미국 스크립스해양연구소 연구원/해양과학자

이메일: sunam@ucsd.edu, namsh6513@gmail.com
전화번호: +1-858-822-5013(사무실)
         +1-858-230-4956(휴대전화)

초판발행 2012년 4월 2일
초판 3쇄 2019년 1월 11일

지은이 남성현
펴낸이 채종준
기 획 지성영
편 집 김소영
디자인 이종현

펴낸곳 한국학술정보(주)
주소 경기도 파주시 회동길 230 (문발동)
전화 031 908 3181(대표)
팩스 031 908 3189
홈페이지 http://ebook.kstudy.com
E-mail 출판사업부 publish@kstudy.com
등록 제일산−115호(2000. 6. 19)

ISBN 978-89-268-3206-6 93530 (Paper Book)
　　　 978-89-268-3207-3 98530 (e-Book)